OPUSCULES

ENTOMOLOGIQUES

PAR

E. MULSANT

Sous-bibliothécaire de la ville de Lyon,
Professeur d'histoire naturelle au Lycée,
Correspondant du ministère de l'Instruction publique,
Président de la Société Linnéenne, etc.

TREIZIÈME CAHIER

PARIS
MAGNIN ET BLANCHARD
RUE HONORÉ-CHEVALIER, 3

1863

OPUSCULES

ENTOMOLOGIQUES

OPUSCULES

ENTOMOLOGIQUES

PAR

E. MULSANT

Sous-bibliothécaire de la ville de Lyon,
Professeur au Lycée,
Correspondant du ministère de l'Instruction publique,
Président de la Société Linnéenne, etc.

TREIZIÈME CAHIER

PARIS
MAGNIN ET BLANCHARD
RUE HONORÉ-CHEVALIER, 3

1863

A MONSIEUR ÉMILE BLANCHARD

Membre de l'Institut,

Professeur au Jardin des Plantes,

chevalier de la Légion d'honneur, etc., etc.

MONSIEUR,

En vous dédiant ces modestes pages, je n'ai pas seulement voulu vous offrir un tribut d'admiration pour les beaux travaux qui vous ont ouvert les portes du premier de nos corps savants; mon but a été surtout de vous renouveler l'assurance des sentiments affectueux avec lesquels,

J'ai l'honneur d'être,

Votre tout dévoué serviteur,

E. MULSANT.

Lyon, 15 octobre 1863

TABLE DES MATIÈRES

DESCRIPTION D'UN GENRE NOUVEAU

DE LA

FAMILLE DES CRYPTOPHAGIDES

PAR

E. MULSANT ET CL. REY

Genre SETARIA

(Etymologie : *seta* , soie.)

CARACTÈRES : *Corps* oblong, épais, subcylindrique, sétigère.

Tête inclinée, transversale. *Joues* très-légèrement prolongées sur les côtés, au-devant des yeux. *Epistome* court, transversal, convexe, faiblement et triangulairement échancré à son sommet. *Palpes* courts, à dernier article fusiforme, acuminé, trois fois plus long que le précédent. *Menton* très-court, transversal, prolongé en pointe au milieu de son bord antérieur, latéralement limité par deux dents fortes, larges, comprimées, situées une de chaque côté. *Yeux* assez grands.

Antennes courtes, assez grèles, distinctement terminées par une massue brusque de deux articles.

Prothorax épais, convexe, en carré transversal, à bords latéraux simples, sans dent ni épaississement.

Ecusson transversal, subcordiforme.

Elytres épaisses, convexes, oblongues, fortement et obtusément arrondies au sommet.

Dessous du corps assez convexe.

Pieds courts. *Cuisses* légèrement épaissies. *Tibias* faiblement élargis à leur extrémité. *Tarses* hétéromères chez les ♂, pentamères chez les ♀. Les *antérieurs* légèrement dilatés, à 1er à 4e articles graduellement plus courts et plus étroits : les *intermédiaires* et *postérieurs* plus grêles, à 1er article oblong : les 3e et 4e graduellement plus courts.

Obs. Ce genre se place entre les genres *Antherophagus*, Knoch, et *Cryptophagus*, Herbst. Il se distingue de l'un et de l'autre par la massue de ses antennes composée seulement de deux articles, et par sa forme plus convexe, plus épaisse, plus cylindrique.

Setaria sericea.

Oblonga, incrassata, subcylindrica, convexa, flavo-ferruginea, oculis solis nigris; crebrè rugoso-punctulata, setis brevibus, depressis, luteo-micantibus, tecta. Capite transverso, pronoto angustiore; hoc transversim subquadrato, apice truncato, basi bissinuato. Elytris obtusis, apice obtusè rotundatis.

Long. 0,002 ; larg. 0,0009.

♂. *Tarses antérieurs* un peu plus sensiblement dilatés que dans la ♀. *Tarses postérieurs* de quatre articles seulement, les autres de cinq.

♀. *Tarses* tous de cinq articles.

Corps oblong, épais, subcylindrique, convexe, rugueusement ponctué, d'un ferrugineux assez clair, couvert d'une pubescence sétiforme, courte, couchée, soyeuse, jaunâtre et brillante.

Tête d'un quart plus étroite que le prothorax, transversale, inclinée, rugueusement ponctuée, d'un ferrugineux assez clair ; couverte d'une pubescence sétiforme, jaunâtre, couchée, brillante. *Front* assez convexe. *Epistome* convexe, transversal, échancré à son sommet. *Palpes* testacés. *Yeux* assez saillants, arrondis, noirs, à facettes très-grossières.

Antennes assez courtes, assez grêles, légèrement pubescentes, dépassant à peine le milieu des côtés du prothorax; entièrement d'un roux ferrugineux; à 1er article très-épaissi : le 2e moins épais et plus court: les 3e à 9e petits, assez grêles: le 3e oblong: les 4e à 8e subégaux: le 9e un peu plus épais que le précédent: la massue brusque, de deux articles, dont le premier transversal, cyathiforme, et le dernier subarrondi, court, obtusément tronqué au sommet.

Prothorax épais, transversal, presque de la largeur des élytres à sa base, un peu plus étroit en avant, d'un quart plus large que long; tronqué au sommet, bissinué à la base; finement rebordé à celle-ci, un peu plus fortement sur les côtés; très-convexe, rugueusement ponctué; d'un ferrugineux assez clair; couvert d'une pubescence sétiforme, couchée, jaunâtre et brillante.

Ecusson assez petit, transversal, subcordiforme, rugueux, d'un ferrugineux assez clair, avec quelques poils courts, sétiformes, couchés et jaunâtres.

Elytres épaisses, oblongues, subcylindriques, subrectilignes sur les côtés; trois fois plus longues que le prothorax; fortement et obtusément arrondies à leur sommet; très-convexes, à leur partie postérieure surtout; rugueusement ponctuées; d'un ferrugineux assez clair; couvertes d'une pubescence sétiforme, couchée, jaunâtre et brillante. *Epaules* arrondies, peu saillantes.

Dessous du corps assez convexe, assez fortement ponctué, ferrugineux, avec quelques poils sétiformes, courts et argentés.

Pieds assez courts, pubescents, d'un roux testacé. *Cuisses* légèrement épaissies. *Tibias* faiblement élargis à leur extrémité. *Tarses* courts, les *postérieurs* assez grêles.

Patrie : Hyères. Février. En battant les tamarix.

Obs. Cette espèce ressemble un peu au *Cryptocephalus pubescens ;* mais elle est beaucoup plus convexe; la massue des antennes est plus brusquement biarticulée; l'écusson est moins transversal; les bords du prothorax sont entiers.

DESCRIPTION

DE

QUELQUES COLÉOPTÈRES NOUVEAUX

ET PEU CONNUS

PAR

E. MULSANT ET CL. REY

Meligethes rubripes.

Oblongo-ovatus, levitèr convexus, niger, nitidulus, densiùs subtilitèr punctatus, densè cinereo-pubescens, pedibus antennisque rufis, his medio subinfuscatis; tibiis anticis sublinearibus, subtilitèr serratis.

Long. 0,002; larg. 0,0013.

Corps ovale-oblong, légèrement convexe, assez brillant, noir; couvert d'une pubescence cendrée, fine, couchée, assez serrée.

Tête transversale, d'une moitié environ moins large que le prothorax à sa base; brusquement rétrécie en avant des yeux; finement et densement ponctuée; faiblement convexe; d'un noir assez brillant, avec *les parties de la bouche* un peu roussâtres; couverte d'une pubescence grisâtre, fine et serrée. *Yeux* gros, subarrondis, assez saillants, brunâtres.

Antennes courtes, dépassant à peine le milieu des côtés du prothorax; brièvement pubescentes; d'un roux testacé, avec les 3e à 8e articles un peu rembrunis; à 1er article épaissi: le 2e plus grêle, oblong : les 3e et 8e, petits, graduellement plus courts : la massue subovalaire, comprimées, légèrement tomenteuse.

Prothorax transversal, de la largeur des élytres en son milieu, faiblement rétréci postérieurement ; d'un tiers environ plus étroit en avant qu'en arrière ; assez fortement échancré au sommet, subtronqué ou très-faiblement flexueux à la base ; muni sur les côtés d'un léger rebord qui se continue sur le bord antérieur jusqu'à l'angle interne des yeux ; une fois moins long que large ; médiocrement arrondi sur les côtés, avec les angles postérieurs légèrement obtus et les antérieurs droits et arrondis à leur sommet ; légèrement convexe ; d'un noir assez brillant ; finement et densement ponctué ; couvert d'une pubescence cendrée, fine, couchée, plus serrée et plus apparente sur les côtés.

Ecusson assez grand, semi-circulaire, d'un noir assez brillant, finement et assez densement ponctué, pubescent à sa base.

Elytres oblongues, trois fois plus longues que le prothorax ; obtusément tronquées au sommet, subparallèles ou légèrement arrondies sur les côtés, où elles sont sensiblement rebordées ; d'un noir assez brillant et un peu plombé ; légèrement convexes ; finement et assez densement ponctuées ; couvertes d'une pubescence cendrée, fine, couchée et assez serrée. *Calus huméral* assez marqué, arrondi.

Pygidium rugueusement pointillé, pubescent, noir ; quelquefois assez saillant, le plus souvent recouvert par les élytres.

Dessous du corps subdéprimé, brillant, noir, très-légèrement pubescent, finement ponctué. *Prosternum* un peu plus fortement et rugueusement ponctué.

Pieds assez courts, finement pubescents, entièrement d'un testacé-rougeâtre. *Cuisses intermédiaires* et *postérieures* assez épaisses, comprimées. *Tibias antérieurs* sublinéaires, finement crénelés à leur tranche externe. *Les intermédiaires* et *les postérieurs* finement ciliés en dehors vers leur sommet.

PATRIE : Avignon, Marseille. Mai, juin. Sur les fleurs.

OBS. Cette espèce, intermédiaire entre les *meligethes œneus*, FAB., et *coracinus*, STURM, diffère du dernier par sa forme beaucoup moins convexe, et du premier par sa couleur noire et par ses pieds et ses antennes d'un testacé-rougeâtre.

Meligethes picipennis.

Ovalis, leviter convexus, nitidulus, densiùs subtiliter punctulatus, longiùs densiùsque cinereo-pubescens, niger, elytris piceo-ferrugineis, antennis pedibusque rufo-testaceis; tibiis anticis leviter dilatatis, extùs subtiliter serratis, denticulis apicem versùs sensim paulò majoribus.

Long. 0,0021 ; larg. 0,0014.

Corps en ovale peu allongé, assez brillant, couvert d'une pubescence cendrée, assez longue et assez serrée; d'un noir de poix, avec les élytres un peu ferrugineuses.

Tête transversale, d'un tiers environ moins large que le prothorax à sa base; subitement rétrécie en avant des yeux; finement et densement ponctuée; faiblement convexe; couverte d'une pubescence grisâtre assez longue, médiocrement serrée; d'un noir assez brillant, avec *les parties de la bouche* un peu roussâtres. *Yeux* gros, assez saillants, subarrondis, noirâtres.

Antennes courtes, légérement pubescentes, atteignant à peine le milieu des côtés du prothorax, entièrement d'un roux-testacé; à 1er article épais, arqué: le 2e plus grèle, oblong: le 3e plus grèle, mais à peine plus court que le précédent: les 4e à 8e, petits, graduellement un peu plus courts: la massue courtement ovalaire, comprimée, tomenteuse à son sommet.

Prothorax transversal, un peu plus étroit que les élytres en son milieu, à peine rétréci postérieurement; sensiblement plus étroit en avant qu'en arrière; d'un tiers moins long que large; assez fortement rebordé sur les côtés, qui sont légèrement arrondis, avec les angles antérieurs obtus et les postérieurs presque droits, un peu relevés; échancré au sommet et subsinué sur les côtés de la base; légèrement convexe; d'un noir de poix brillant, finement et assez densement ponctué ; couvert d'une pubescence cendrée, fine, assez longue et pas trop serrée.

Ecusson assez grand, semi-circulaire, finement pubescent, obsolètement ponctué, d'un noir de poix assez brillant.

Elytres oblongues, deux fois et demie plus longues que le prothorax ; obtusément tronquées au sommet ; subparallèles ou très-faiblement arrondies sur les côtés, où elles sont assez sensiblement rebordées ; faiblement convexes, très-légèrement et finement ponctuées ; peu brillantes ; d'un roux de poix plus ou moins ferrugineux ; couvertes d'une pubescence cendrée, fine, assez longue et assez serrée. *Calus huméral* assez marqué, arrondi.

Pygidium subtriangulaire, pubescent, rugueusement ponctué, brunâtre, en partie recouvert par les élytres.

Dessous du corps légèrement convexe, finement pubescent, légèrement ponctué ; d'un noir brillant, avec le dernier segment ventral et les intersections des autres segments ordinairement plus ou moins ferrugineux.

Pieds assez courts, finement pubescents, d'un roux-testacé. *Cuisses* épaisses, comprimées. *Tibias antérieurs* sensiblement dilatés vers leur sommet, garnis à leur tranche externe d'une rangée de dents de scie, assez fines à la base et devenant graduellement un peu plus grosses en avançant vers l'extrémité. *Tibias intermédiaires* et *postérieurs* dilatés, comprimés, ciliés à leur sommet.

PATRIE : Hyères. Juin. Sur les fleurs des genêts.

OBS. Cette espèce s'éloigne de tous ses congénères par sa pubescence plus longue et par la couleur de ses élytres. Quant au faciès, elle ressemble aux *murinus,* ERICHS., et *fibularis,* ERICHS. ; mais elle est d'une taille plus grande, et le prothorax est proportionnellement moins court, moins arrondi sur les côtés.

Platycerus cribratus.

Oblongo-elongatus, subnitidus, levitèr convexus, fortiùs densè rugoso-punctatus, infrà niger, suprà obscuro-cœruleus, antennarum clavâ tar-

sisque piceis vel rufo-piceis. Capite anticè impresso. Pronoto transverso, lateribus angulatim dilatato, elytrorum ferè latitudine. Elytris passim obsoletè substriatis.

Long. 0,008 à 0,009; larg. 0,003 à 0,0045.

♂. *Elytres* subparallèles. *Prothorax* fortement et anguleusement dilaté sur les côtés après leur milieu, à peine plus étroit en avant qu'en arrière. *Mandibules* saillantes, armées à leur tranche interne de cinq dents plus ou moins fortes. *Tarses postérieurs* à peine moins longs que les tibias.

♀. *Elytres* oblongues, ovalaires. *Prothorax* légèrement et subarcuément dilaté sur les côtés après leur milieu, beaucoup plus étroit en avant qu'en arrière. *Mandibules* peu saillantes, seulement bidentées à leur tranche interne, offrant chacune à leur partie supérieure une entaille dans laquelle, à l'état de croisement, vient se loger la dent terminale du bord incisif. *Tarses postérieurs* de la longueur de la moitié des tibias.

Corps plus ou moins allongé, un peu brillant, densement et rugueusement ponctué, d'un bleu plus ou moins obscur et quelquefois un peu verdâtre.

Tête transversale, près d'une moitié plus étroite que le prothorax dans la plus grande largeur de celui-ci; assez brillante; bleuâtre; faiblement convexe; assez fortement et assez densement ponctuée, avec la partie postérieure un peu plus lisse; garnie sur les côtés d'une pubescence grisâtre. *Epistome* excavé, échancré à son bord antérieur; recouvert d'une pubescence grisâtre plus ou moins obsolète. *Mandibules* noires, légèrement pubescentes, assez fortement ponctuées. *Palpes* couleur de poix, avec la base quelquefois plus ou moins roussâtre. *Menton* densement et rugueusement ponctué. *Yeux* globuleux, arrondis, assez saillants, noirâtres.

Antennes dépassant un peu le milieu des côtés du prothorax, à peine pubescentes, d'un noir de poix, avec la massue ordinairement un peu roussâtre; à 2e article oblong, obconique: les 3e à 6e, courts, transversaux, fortement contigus : les 4 derniers en dents de peigne : la 1re petite, aiguë : la dernière, grande, obtuse, arrondie.

Prothorax transversal, d'un tiers moins long que large, presque aussi large que les élytres à sa plus grande largeur, largement et bissinueusement échancré au sommet, offrant le long de celui-ci un rebord étroit qui s'épaissit vers le milieu du lobe médian en forme de bourrelet aplati et lisse ; tronqué et étroitement rebordé à la base ; largement et fortement rebordé sur les côtés ; ceux-ci plus ou moins anguleusement dilatés après leur milieu, ciliés à leur tranche d'assez longs poils grisâtres, légèrement frisés ; avec les angles antérieurs assez saillants et presque aigus, les postérieurs petits, rectangulaires, et réfléchis en dehors en forme de petite dent ; faiblement convexe ; un peu brillant ; d'un bleu plus ou moins obscur ou verdâtre, densement, rugueusement et assez fortement ponctué, avec un espace longitudinal lisse, étroit, occupant la dernière moitié de la ligne médiane.

Ecusson court, semicirculaire, transversal, légèrent concave, brillant, bleuâtre, lisse ou éparsement ponctué à sa base.

Elytres subparallèles (♂) ou ovales-oblongues (♀); trois (♀) ou quatre (♂) fois plus longues que le prothorax ; arrondies au sommet, largement rebordées sur les côtés et à leur extrémité surtout ; faiblement convexes ou presque subdéprimées à la suture (♂) ; glabres ; peu brillantes ; d'un bleu plus ou moins obscur et quelquefois un peu verdâtre ; densement, rugueusement et assez fortement ponctuées ; offrant sur leur disque, aux intervalles, quelques rides transversales, et à leur partie postérieure quelques traces de stries longitudinales plus ou moins obsolètes. *Calus huméral* assez saillant, arrondi, avec l'angle des épaules offrant une petite dent.

Dessous du corps assez convexe, brillant, noir, légèrement pubescent, assez fortement et assez densement ponctué, avec le milieu du prosternum un peu plus lisse.

Pieds assez longs et assez grêles, légèrement pubescents, éparsement ponctués, d'un noir brillant avec les *tarses* plus clairs et quelquefois roussâtres.

Patrie : Beaujolais. Mai. En battant les taillis de chêne.

Obs. Cette espèce, très-voisine du *Platycerus caraboïdes. Lin.*, s'en distingue néanmoins par plusieurs caractères constants. Elle est plus petite, moins convexe, moins brillante, beaucoup plus densement ponctuée dans toutes ses parties. Le prothorax est plus fortement et plus anguleusement dilaté sur les côtés après leur milieu; les angles antérieurs sont généralement plus saillants et plus aigus. L'écusson est plus court. Le menton est toujours grossièrement et assez densement ponctué. Les élytres du ♂ sont proportionnellement plus allongées et plus parallèles. Enfin elle appartient à la plaine et vit exclusivement sur le chêne, tandis que le *caraboïdes* ne se rencontre que dans les montagnes alpines ou subalpines, sur le sapin, le hêtre et le frêne.

Coroebus aeratus.

Oblongus, crassiusculus, subcylindricus, subnitidus, asperato-punctatus, pube pruinosâ sericeus. Capite latiùs longitudinalitèr sulcato. Pronoto medio gibbo, lateribus compresso, angulis posticis rectis, Elytris levitèr convexis, posticè subattenuatis, apice singulatim rotundatis.

Long. 0,005; larg. 0,0015.

Corps oblong, épais, subcylindrique, rugueusement ponctué, d'un bronzé assez brillant, revêtu d'une courte pubescence farineuse.

Tête verticale, à peine plus étroite que le prothorax, assez convexe, rugueusement ponctuée, d'un bronzé brillant, revêtue d'une pubescence farineuse peu serrée. *Vertex* et *front* largement et assez profondément sillonnés dans leur longueur. *Epistome* finement et rugueusement ponctué, largement et profondément échancré au sommet. *Parties de la bouche* d'un bronzé plus ou moins obscur. *Lèvre supérieure* finement et rugueusement ponctuée, légèrement échancrée à son bord antérieur, qui est cilié de poils blanchâtres. *Yeux* grands, ovalaires, peu saillants, brunâtres.

Antennes courtes, n'atteignant point le milieu du prothorax, comprimées et assez sensiblement élargies à partir du 5e article inclusivement, très-légèrement pubescentes; d'un bronzé assez brillant; à 1er et 2e articles oblongs, un peu épaissis: les 3e et 4e plus grêles, oblongs, obconiques, très-faiblement prolongés en dents de scie en dessous: le 4e un peu plus court que le précédent: les 5e à 11e assez fortement prolongés en dents de scie en dessous, comprimés, transversaux.

Prothorax aussi large que les élytres, en carré légèrement transversal, à peine plus étroit en arrière, arrondi et prolongé au milieu de son bord antérieur, tronqué à la base avec le milieu de celle-ci prolongé au devant de l'écusson en un lobe brusque, court et large; assez fortement gibbeux sur son milieu; largement comprimé vers les côtés qui, vus en dessus, paraissent à peine arrondis, mais qui, vus de profil, sont fortement infléchis dans leurs deux tiers antérieurs et profondément sinués au-dessus des angles postérieurs qui sont droits; densement et rugeusement ponctué; d'un bronzé assez brillant, et revêtu d'une pubescence très courte, farineuse.

Ecusson en cœur fortement transversal, d'un bronzé brillant, glabre, presque lisse ou très-obsolètement chagriné.

Elytres oblongues, trois fois et demie plus longues que le prothorax, subparallèles, graduellement rétrécies dans leur dernier tiers, individuellement arrondies à leur sommet, où elles sont finement et obsolètement denticulées; légèremeut convexes en dessus le long de la suture; latéralement et comme largement impressionnées sur les côtés derrière les épaules; d'un bronzé plus ou moins brillant; densement et rugueusement ponctuées, et couvertes d'une pubescence très-courte et comme farineuse. *Calus huméral* assez saillant, légèrement arrondi. *Ailes* irisées de vert et de violâtre.

Dessous du corps très-convexe, d'un bronzé brillant, couvert d'une courte pubescence blanchâtre. *Poitrine* rugueusement, *ventre* finement et légèrement ponctués. *Dernier segment ventral* obtusément arrondi. *Prosternum* profondément échancré à son bord antérieur.

Pieds courts, légèrement pubescents, d'un bronzé brillant. *Cuisses* très-faiblement épaissies. *Tibias* tous plus ou moins sensiblement arqués.

PATRIE : Provence et Languedoc. Juin.

OBS. Cette espèce ressemble un peu au *Coroebus graminis*, PANZ. (*Cylindraceus*, LAP. *et* GOR.). Elle est d'une taille moindre, proportionnellement plus courte, plus ramassée, plus cylindrique. Le prothorax est moins inégal, plus fortement convexe en son milieu, plus carré et moins rétréci en avant. La ponctuation est plus forte et plus rugueuse. Le vertex et le front sont plus largement sillonnés ; les antennes sont un peu plus épaisses, et les tibias un peu plus grèles et plus sensiblement arqués.

Agrilus curtulus.

Subelongatus, crassiusculus, subnitidus, viridi-caeruleus. Vertice rugato, angustè sulcato. Pronoto densiùs transversim strigato et punctato, latiùs medio longitudinalitèr sulcato, angulis posticis subrectis, intùs arcuatim carinulatis. Elytris squamulato-rugosis, pube pruinosâ sericantibus, lateribus fasciâque transversâ ponè medium subdenudatis ; apice singulatim subrotundatis, denticulatis.

Long. 0,006 ; larg. 0,0016.

♂. *Les deux crochets* des quatre tarses antérieurs bifides à leur sommet. Ceux des tarses postérieurs armés seulement d'une forte dent à la base. *Front* plan, mat, finement pubescent. *Dernier segment ventral* assez fortement échancré à son sommet, et faiblement déprimé au devant de l'échancrure.

♀. *Les deux crochets* de tous les tarses, seulement armés d'une large dent à leur base. *Front* légèrement convexe, brillant, glabre. *Dernier segment ventral* assez convexe, très-faiblement sinué à son sommet.

Corps épais, assez allongé, quoique plus raccourci que chez la plupart de ses congénères, légèrement convexe, finement rugueux, entièrement d'un vert un peu bleuâtre et un peu brillant, couvert sur les élytres d'une courte pubescence cendrée, pulvérulente, interrompue sur les côtés et après le milieu.

Tête verticale, un peu plus étroite que le prothorax, d'un vert un peu bleuâtre dans les 2 sexes, rugueusement ponctuée, légèrement pubescente antérieurement. *Vertex* convexe, couvert de rugosités longitudinales, et creusé en son milieu d'un sillon longitudinal assez étroit, à peine prolongé sur la partie supérieure et postérieure du front. *Parties de la bouche* d'un vert bleuâtre brillant, avec le sommet des *mandibules* et les *palpes* brunâtres. *Lèvre inférieure* rugueusement et obsolètement ponctuée, obtusément tronquée et légèrement ciliée à son sommet. *Yeux* grands, oblongs, peu saillants, plus ou moins brunâtres.

Antennes assez grêles, atteignant le milieu du prothorax, légèrement pubescentes, légèrement épaissies à partir du 4e article inclusivement, entièrement d'un vert bleuâtre ; à 1er et 2e articles oblongs, faiblement renflés : le 3e allongé, un peu plus grêle, obconique : les 4e à 10e triangulaires, prolongés en dessous en dents de scie : le dernier petit, fusiforme.

Prothorax en carré transversal, aussi large que les élytres, prolongé et arrondi au milieu de son bord antérieur, profondément bissinué à la base, avec le lobe médian faiblement échancré au devant de l'écusson ; très-légèrement arrondi sur les côtés, avec les angles postérieurs un peu obtus ou presque droits, et surmontés en dedans d'une carène ordinairement peu saillante, naissant presque du sommet de l'angle lui-même, se déjetant en dedans, pour se recourber ensuite en dehors vers les côtés au tiers de leur longueur ; légèrement convexe ; d'un vert bleuâtre assez brillant ; couvert d'une ponctuation rugueuse et de rides transversales assez serrées ; inégal, creusé sur le dos d'un large sillon longitudinal, plus ou moins profond, ordinairement un peu affaibli en avant ; de chaque côté de celui-ci d'une impression oblique plus ou moins marquée, et d'une autre impression submarginale plus ou moins profonde, et longeant les côtés depuis la base jusqu'à leur tiers antérieur, où elle se réunit souvent à la précédente.

Ecusson en cœur fortement transversal, d'un vert bleuâtre, partagé par un repli transversal, finement chagriné avant celui-ci, lisse et avec une rugosité triangulaire au milieu de sa surface postérieure.

Elytres allongées, environ quatre fois plus longues que le prothorax, un peu rétrécies derrière les épaules, faiblement élargies après leur milieu, graduellement rétrécies à leur tiers postérieur, individuellement subarrondies et finement denticulées à leur sommet; d'un vert bleuâtre assez brillant; faiblement convexes ou subdéprimées sur le dos; couvertes d'une ponctuation serrée, rugueuse, comme écailleuse ou imbriquée; revêtues d'une pubescence courte, blanchâtre, pulvérulente, avec les côtés et une bande transversale dénudés: celle-ci plus ou moins interrompue et située après le milieu. *Calus huméral* assez saillant, oblong, arrondi.

Dessous du corps convexe, d'un bronzé obscur plus ou moins verdâtre, brillant, finement pubescent, légèrement et rugueusement ponctué. *Prosternum* largement et sensiblement échancré à son sommet.

Pieds assez courts, finement pubescents, d'un vert bronzé brillant. *Cuisses postérieures* passablement renflées. *Tibias* grêles: les postérieurs ciliés de poils raides, hispides, à leur tranche externe à partir d'un peu avant le milieu.

PATRIE : Collines du Beaujolais. Mai et Juin.

OBS. Cette espèce a tout-à-fait la forme de l'*agrilus litura*, KIESENWETTER. Elle en diffère par une taille moindre, et par sa couleur toujours d'un vert un peu bleuâtre. Le front n'est jamais cuivreux ou doré; les antennes sont un peu plus grêles; les carènes du prothorax sont plus courtes, plus fortement arquées et moins saillantes.

Agrilus elegans.

Elongatus, nitidus, obscuro-œneus, brevitèr pruinoso-pubescens. Capite rugoso-punctato; vertice convexo, rugato, canaliculato. Pronoto punctato et transversim strigato, latè leviter sulcato, angulis posticis acutis, levitèr reflexis, intùs arcuatim carinulatis. Elytris squamulato-rugosis, apice singulatim rotundatis et denticulatis.

Long. 0,005; larg. 0,0014.

♂. *Front* très-inégal, obsolètement sillonné en son milieu, creusé à sa partie supérieure de deux impressions obliques, souvent réunies au sillon médian. Les 2 *crochets des deux tarses antérieurs* bifides : le *crochet externe des tarses intermédiaires* bifide : l'*interne* seulement armé d'une forte dent à sa base : les 2 *crochets des tarses postérieurs* armés seulement d'une dent à leur base.

♀. *Front* légèrement convexe, sans inégalités, ou très-obsolètement sillonné sur son milieu. *Tous les crochets de tous les tarses* armés seulement d'une forte dent à leur base.

Corps allongé, rugueux, d'un bronzé obscur et brillant, couvert d'une courte pubescence blanchâtre et pulvérulente.

Tête verticale, un peu plus étroite que le prothorax, d'un bronzé obscur et brillant. *Vertex* convexe, glabre, rugueusement ponctué et marqué de rides longitudinales, assez fortement canaliculé sur son milieu. *Front* finement pubescent, assez fortement et rugueusement ponctué. *Epistome* rugueusement ponctué, assez fortement échancré à son bord antérieur. *Parties de la bouche* d'un bronzé plus ou moins sombre, avec le sommet des *mandibules* et les *palpes* brunâtres. *Lèvre supérieure* rugueusement ponctuée, obtusément tronquée et ciliée à son sommet. *Yeux* grands, oblongs, peu saillants, brunâtres.

Antennes courtes, atteignant à peine le milieu du prothorax, finement pubescentes, comprimées et assez fortement épaissies à partir du 4ᵉ article inclusivement ; entièrement bronzées ; à 1ᵉʳ et 2ᵉ articles oblongs, un peu épaissis : le 3ᵉ obconique, oblong, un peu moins épais que le précédent : les 4ᵉ à 10ᵉ subtriangulaires, transversaux, assez fortement prolongés en dessous en dents de scie de plus en plus émoussées en avançant vers le sommet : le dernier courtement elliptique.

Prothorax de la largeur des élytres, en carré transversal, très-faiblement arrondi à son bord antérieur, anguleusement bissinué à la base, avec le lobe médian court, large, légèrement échancré au devant de l'écusson ; légèrement arrondi sur les côtés qui sont sinués en avant des angles postérieurs ; ceux-ci aigus et un peu réfléchis en dehors ;

d'un bronzé obscur brillant; à peine pubescent; légèrement convexe; couvert d'une ponctuation rugueuse et de rides transversales serrées; assez inégal, avec une impression transversale en avant, un large sillon longitudinal au milieu, peu profond et antérieurement effacé, et une impression oblique de chaque côté; surmonté en outre d'une courte carène arquée, partant du sommet des angles postérieurs, se déjetant en dedans, pour se recourber assez brusquement en dehors.

Ecusson en cœur large, partagé en deux parties par un repli transversal : la première finement chagrinée, verdâtre; la postérieure ruguleuse, d'un bronzé brillant.

Elytres allongées, 4 fois et demie plus longues que le prothorax, subparallèles jusqu'au milieu de leurs côtés, faiblement élargies après celui-ci, et puis graduellement rétrécies jusqu'à leur extrémité; individuellement arrondies et visiblement denticulées à leur sommet; faiblement convexes; longitudinalement subimpressionnées vers la suture depuis leur tiers antérieur jusqu'à l'extrémité; couvertes d'une ponctuation rugueuse, serrée, écailleuse; d'une couleur bronzée plus ou moins obscure; revêtues d'une pubescence cendrée, très-courte, pulvérulente, se condensant quelquefois en arrière le long de la suture en une tache lancéolée, blanchâtre, souvent obsolète. *Calus huméral* assez saillant, arrondi.

Dessous du corps convexe, parsemé d'une pubescence farineuse, peu serrée; d'un bronzé brillant quelquefois un peu rougeâtre. *Poitrine* rugueusement ponctuée. *Ventre* avec une ponctuation écailleuse très-légère. *Dernier segment ventral* obtusément arrondi. *Prosternum* obtusément arrondi à son bord antérieur.

Pieds finement pubescents, assez courts, d'un bronzé obscur. *Cuisses postérieures* faiblement renflées. *Tibias* grèles, les *antérieurs* sensiblement arqués; les *intermédiaires* et les *postérieurs* presque droits.

PATRIE : Marseille, Hyères. Juin.

OBS. Cette espèce est facile à confondre avec l'*Agrilus hyperici*, CREUTZER, dont elle a la taille et le faciès. Mais elle s'en distingue par plusieurs caractères importants. Le front est moins convexe, jamais verdâtre et plus inégal chez le ♂ ; le vertex est plus fortement et plus largement canaliculé ; les angles postérieurs du prothorax sont beaucoup plus aigus, et la carène qui les surmonte est plus visible. Enfin les tarses des pieds intermédiaires, chez les ♂, offrent leur crochet externe bifide, l'interne armé seulement d'une dent à sa base, tandis que les deux crochets des mêmes tarses sont bifides dans l'*Agrilus hyperici*. Ce dernier caractère la distingue aisément, outre la taille moindre, de l'*Agrilus Solieri*. Lap., qui offre tous les crochets bifides à tous les tarses (1).

Agrilus prasinus.

Elongatus, nitidus, lœtè virescens, subnudus. Capite fortiùs rugoso-punctato. Vertice fronteque convexis, medio latiùs canaliculatis. Pronoto punctato et densè transversim strigato, inœquali, anticè et posticè medio impresso, angulis posticis rectis, intùs obsoletè carinulatis. Elytris tenuitèr squamulato-rugosis, apice submuticis, conjunctìm subrotundatis.

Long. 0,005 ; larg. 0,0014.

♂. Inconnu.

♀. *Tous les crochets de tous les tarses* armés simplement d'une forte dent à leur base.

Corps allongé, ruguleux, d'un vert clair brillant, presque glabre, ou recouvert d'une pubescence très-courte, à peine visible.

Tête verticale, un peu plus étroite que le prothorax, fortement et rugueusement ponctuée, glabre, d'un vert bronzé très-brillant. *Vertex*

(1) La forme des crochets des tarses diffère souvent, chez les ♂, suivant les espèces, dans le genre *Agrilus*. Tantôt ils sont tous bifides dans les deux sexes (*albogularis*, *roscidus*, *biguttatus*, G, *guttatus*, *sinuatus*, *subauratus*, etc.) Tantôt les crochets des tarses antérieurs et l'externe des intermédiaires sont bifides chez les ♂ ; l'interne des intermédiaires, et ceux des tarses postérieurs, simplement armés d'une dent à leur base (*tenuis*, *angustulus*, *olivicolor*, *derasofasciatus*, *laticornis*, *obscuricollis*, etc.). Quelquefois les crochets des 4 tarses antérieurs sont bifides chez les ♂ (*hastulifer*, *graminis*, *hyperici*, etc.). Souvent les crochets de tous les tarses sont simplement dentés à la base, dans les 2 sexes (*pratensis*, *cœruleus*, *convexifrons*, *convexicollis*, *cinctus*, *aurichalceus*, *integerrimus*, etc.

convexe, finement ridé en long, assez largement sillonné sur son milieu. *Front* assez convexe, assez largement et longitudinalement sillonné sur son milieu, avec le sillon faisant suite à celui du vertex et plus ou moins affaibli sur le milieu du disque; creusé en outre de deux impressions obsolètes, situées transversalement entre les yeux. *Epistome* assez fortement échancré à son sommet, rugueusement ponctué, d'un vert bronzé brillant. *Parties de la bouche* d'un vert bronzé plus ou moins obscur, avec le sommet des *mandibules* et les *palpes* brunâtres. *Lèvre supérieure* lisse ou obsolètement chagrinée, brillante, obtusément tronquée et ciliée à son sommet. *Yeux* très-grands, oblongs, peu saillants, brunâtres.

Antennes courtes, atteignant à peine le milieu du prothorax, presque glabres, comprimées et assez fortement épaissies à partir du 4e article inclusivement; entièrement d'un vert bronzé brillant, plus ou moins obscur; à 1er et 2e articles oblongs, un peu épaissis: le 3e oblong, à peine moins épais mais un peu plus court que le précédent: les 4e à 10e triangulaires, transversaux, assez fortement prolongés en dessous en dents de scie assez aiguës: le dernier assez court, irrégulier, subovalaire, subacuminé.

Prothorax en carré transversal, de la largeur des élytres, légèrement arrondi à son bord antérieur, assez fortement bissinué à la base, avec le lobe médian faiblement sinué au devant de l'écusson; très-légèrement arrondi sur les côtés, subsinué en avant des angles postérieurs qui sont droits et surmontés en dedans d'une petite carêne courte, absolète, légèrement arquée, naissant de la base assez loin du sommet des dits angles; faiblement convexe, rugueusement ponctué, finement ridé en travers; presque glabre; d'un vert bronzé brillant; assez inégal, offrant sur la ligne médiane une impression en avant, assez faible, une autre plus profonde, en arrière au-dessus du lobe médian de la base; creusé en outre, de chaque côté, de deux impressions assez visibles: l'une oblique, oblongue, un peu affaiblie, située vers le milieu des côtés: l'autre petite, arrondie, plus sentie, située en dedans des carênes qu'elle joint: celles-ci séparées du bord par un intervalle creusé lui-même en une impression plus ou moins profonde.

Ecusson large, transversal, cordiforme ; brillant, lisse ou obsolètement chagriné ; d'un vert bronzé ; partagé en deux parties par un repli transversal élevé et tranchant.

Elytres allongées, près de 5 fois plus longues que le prothorax, subparallèles jusqu'aux deux tiers de leur longueur, où elles s'élargissent un peu sur les côtés pour se rétrécir ensuite graduellement vers leur extrémité ; presque simultanément subarrondies au sommet qui est mutique ou à peine visiblement denticulé ; d'un vert bronzé assez clair et brillant ; faiblement convexes, longitudinalement impressionnées en arrière vers la suture à partir du milieu de leur longueur ; presque glabres ou à peine pulvérulentes postérieurement ; couvertes d'une ponctuation rugueuse, écailleuse, assez légère, plus forte et plus serrée vers la base qui est sensiblement impressionnée. *Calus huméral* assez saillant, presque droit, très-légèrement émoussé.

Dessous du corps convexe, presque glabre, d'un vert bronzé brillant. *Poitrine* fortement et rugueusement ridée en travers. *Ventre* avec une légère ponctuation écailleuse. *Dernier segment ventral* arrondi. *Prosternum* obtusément arrondi à son bord antérieur.

Pieds assez courts, presque glabres, d'un vert bronzé brillant. *Cuisses postérieures* faiblement renflées. *Tibias* assez grèles. Les *antérieurs* légèrement arqués, les *intermédiaires* et *postérieurs* presque droits.

PATRIE : Montagnes du Lyonnais. Très-rare.

OBS. Cette espèce, dont nous ne connaissons que la ♀ , est voisine, quant à la forme, de l'*agrilus hyperici,* CREUTZ. Sa couleur verdâtre et plus brillante empêchera toujours de la confondre avec celui-ci. En outre, les angles postérieurs du prothorax sont plus droits, et la ponctuation des élytres est bien plus légère et moins rugueuse.

Agrilus antiquus.

Elongatus, crassiusculus, subopacus, obscuro-æneus, breviter pruinoso-pubescens. Capite inæquali, fortiùs rugoso-punctato; vertice fronteque longitudinalitèr medio canaliculatis. Pronato punctato et densè transversìm rugoso, inæquali, angulis posticis acutis, productis, extùs levitèr reflexis, intùs distinctè carinulatis. Elytris squamulato-rugosis, ponè medium levitèr ampliatis, apice conjunctìm subrotundatis, submuticis.

Long. 0,006 à 0,008 ; larg. 0,002 à 0,0025.

♂. *Front* d'un bronzé un peu verdâtre. *Dernier segment ventral* obtusément arrondi à son sommet.

♀. *Front* d'un bronzé un peu rougeâtre. *Dernier segment ventral* aiguëment arrondi à son sommet.

Corps allongé; peu brillant, presque mat, finement et rugueusement ponctué; d'un bronzé obscur; revêtu d'une pubescence courte, cendrée, pulvérulente, beaucoup plus évidente sur les élytres.

Tête verticale, sensiblement plus étroite que le prothorax ; glabre, brillante, d'un bronzé plus ou moins obscur. *Vertex* convexe; rugueusement mais peu densement ponctué, avec des rides longitudinales obsolètes, souvent peu distinctes ; évidemment et longitudinalement canaliculé en son milieu. *Front* subdéprimé, fortement et rugueusement ponctué, assez fortement et longitudinalement canaliculé sur son milieu, avec deux légères impressions, transversalement situées entre les yeux. *Epistome* rugueusement ponctué, largement échancré à son sommet. *Parties de la bouche* d'un bronzé obscur, avec le sommet des *mandibules* brunâtre. *Lèvre supérieure* rugueusement ponctuée ; obtusément tronquée à son sommet. *Yeux* grands, oblongs, peu saillants, brunâtres, à reflets livides et micacés.

Antennes très-courtes, dépassant un peu le bord antérieur du prothorax ; presque glabres ou à peine pubescentes ; d'un bronzé très-obscur et brillant ; comprimées et assez fortement épaissies à partir du 4e article inclusivement ; à 1er et 2e articles un peu épaissis : le 1er oblong : le 2e ovalaire : le 3e oblong, obconique, égal en longueur au précédent, mais un peu moins épais : les 4e à 11e triangulaires, graduellement de plus en plus transversaux en approchant du sommet, assez fortement prolongés en dents de scie en dessous.

Prothorax transversal, un peu plus large que les élytres en son plus grand diamètre ; subtronqué ou très-faiblement arrondi au sommet ; profondément bissinué à la base, avec le lobe médian subsinué et fortement appliqué contre l'écusson ; assez fortement arrondi sur les côtés avant leur milieu, rétréci à la la base et subsinué en avant des angles postérieurs qui sont aigus, assez prolongés en arrière, légèrement réfléchis en dehors, et surmontés en dedans d'une carène saillante, naissant près des sommets, arquée, quelquefois obsolète en avant, d'autrefois assez longue, se recourbant vers les côtés qu'elle rejoint presque avant leur milieu ; d'un bronzé obscur et peu brillant ; très-finement pubescent sur les côtés ; rugueusement ponctué et couvert de rides transversales fines et serrées ; faiblement convexe, inégal, avec 4 impressions principales : une large, transversale, en avant : une autre longitudinale, sulciforme, en arrière au devant de l'écusson, et deux autres oblongues, obliques, situées vers le milieu des côtés.

Ecusson large, transversal, cordiforme, d'un bronzé obscur, partagé par un repli transversal en deux parties : l'antérieure finement chagrinée en travers, subopaque : la postérieure assez brillante, finement ridée en travers, avec le milieu du disque quelquefois ruguleux.

Elytres allongées, 5 fois environ plus longues que le prothorax, un peu élargies sur les côtés après leur milieu, et puis graduellement rétrécies jusqu'à leur extrémité ; simultanément subarrondies à leur sommet, qui est presque mutique ou obsolètement denticulé ; d'un bronzé obscur et peu brillant, presque mat ; faiblement convexes, longitudinalement impressionnées vers la suture presque dans toute leur longueur, offrant sur le milieu du disque une côte longitudinale, obsolète ; revêtues d'une pubescence cendrée, pulvérulente, plus dense, surtout en arrière, dans l'impression juxtà-suturale ; couvertes d'une ponctuation rugueuse, écailleuse, fine et serrée ; creusées en outre à la base d'une impression large et bien sentie. *Calus huméral* oblong, assez saillant, faiblement arrondi.

Dessous du corps convexe, brillant, d'un bronzé obscur et un peu rougeâtre. *Poitrine* rugueusement ponctuée. *Ventre* couvert d'une ponctuation écailleuse, légère et peu serrée. *Prosternum* obtusément arrondi à son bord antérieur.

Pieds assez courts, à peine pubescents, brillants, d'un bronzé un peu rougeâtre. *Cuisses postérieures* faiblement renflées. *Tibias* assez grêles; les *antérieurs* sensiblement, les *intermédiaires* très-faiblement arqués; les *postérieurs* presque droits. *Tous les ongles de tous les tarses* simplement armés d'une dent à leur base dans les 2 sexes.

PATRIE : Collines des environs de Nîmes et du Beaujolais.

OBS. Cette espèce diffère des espèces voisines par sa couleur moins brillante, par ses élytres moins rétrécies et plus obtuses à leur sommet, par son port plus épais et plus cylindrique. Elle se distingue de l'*Agrilus cinctus,* OLIV., par sa taille généralement moindre, par ses élytres moins rétrécies et moins déhiscentes à leur sommet, offrant une ponctuation plus fine et plus serrée, par son prothorax plus finement ridé en travers, et par son vertex et son front beaucoup moins fortement rugueux.

Cylindromorphus gallicus.

Elongatus, subcylindricus, nitidulus, glaber. Capite pronotoque cupreis, fortitèr grossè punctatis; hoc transversim subquadrato, angulis posticis acutis; illo magno, pronoto latiore. Fronte latè sulcatâ. Elytris ponè medium ampliatis, posticè attenuatis, apice singulatim rotundatis, muticis, dorso subseriatim sat fortitèr punctatis, punctis versùs apicem evanescentibus.

Long. 0,003; larg. 0,0008.

Corps allongé, subcylindrique, épais, glabre, grossièrement ponctué, d'un noir bronzé un peu cuivreux sur la tête et le prothorax.

Tête grosse, épaisse, subverticale, saillante, grossièrement et fortement ponctuée, sensiblement plus large que le prothorax; glabre, d'un bronzé obscur un peu cuivreux. *Vertex* large, convexe, uni. *Front* convexe, largement et assez profondément sillonné à sa partie inférieure. *Parties de la bouche* noirâtres. *Lèvre supérieure* petite. *Yeux* assez grands, oblongs, subdéprimés, noirs.

Antennes menues, courtes, ne dépassant pas le bord antérieur du prothorax, glabres, très-faiblement épaissies vers leur extrémité, à partir du 6e article inclusivement, entièrement d'un noir brillant, un peu métallique ; à 1er et 2e articles courts et épaissis ; les 3e à 5e oblongs, grêles, subégaux ; les 6e à 11e un peu épaissis et faiblement prolongés en dessous en dents de scie.

Prothorax subcylindrique, en carré transversal, de la largeur des élytres ; tronqué ou faiblement arrondi à son sommet, légèrement bissinué à la base, subrectiligne sur les côtés, faiblement rétréci et sinué postérieurement au devant des angles postérieurs qui sont aigus et un peu prolongés en arrière ; assez convexe ; glabre ; fortement et grossièrement ponctué ; d'un bronzé un peu cuivreux et brillant.

Ecusson assez grand, large, triangulaire, d'un bronzé assez brillant, rugueux sur son milieu.

Elytres allongées, 5 fois aussi longues que le prothorax ; subparallèles sur les côtés jusqu'à leur milieu, après lequel elles s'élargissent d'une manière assez sensible pour ensuite se rétrécir assez brusquement jusqu'à leur extrémité ; mutiques et individuellement arrondies à leur sommet ; sensiblement convexes le long de la suture ; glabres ; d'un noir bronzé un peu verdâtre et assez brillant ; couvertes de points assez gros, assez serrés, subsérialement disposés et s'affaiblissant en s'approchant de l'extrémité. *Calus huméral* peu saillant, largement arrondi.

Dessous du corps convexe, d'un noir bronzé brillant. *Poitrine* assez fortement ponctuée. *Ventre* éparsement et obsolètement ponctué. *Dernier segment ventral* plus ou moins sinué au milieu de son bord apical. *Prosternum* tronqué et subsinué à son sommet.

Pieds assez courts, d'un noir bronzé brillant. *Cuisses* glabres, légèrement renflées. *Tibias* finement pubescents, grêles, et sensiblement arqués à leur base. *Tarses* allongés.

PATRIE : Environs de Lyon, sur les coteaux arides de La Pape et de Limonest. Aussi du Bugey et de la Provence.

OBS. Cette espèce se place à coté des *Cylindromorphus filum*, SCHOENH., et *Parallelus*, Fairm., auxquels elle ressemble un peu. Mais elle est d'une taille moidre, proportionnellement moins allongée, moins filiforme, moins parallèle, plus épaisse, plus cylindrique. Les élytres sont plus convexes, plus élargies après leur milieu. La ponctuation est aussi plus forte et plus grossière que dans les deux espèces ci-dessus mentionnées.

Aphanisticus siculus.

Brevior, oblongus, obscuro-æneus, nitidissimus, glaber. Fronte latiùs profundiùsque sulcatâ. Pronoto levitèr transverso, convexo, parcè grossè punctato, lateribus posticè latè explanatis, angulis posticis subrectis, intùs profundè foveolatis. Elytris levitèr punctato-striatis, posticè attenuatis, apice obtusè conjunctim subrotundatis, muticis.

Long. 0,003; larg. 0,001.

Corps racourci, oblong, assez épais, glabre, d'un bronzé obscur et très-brillant.

Tête assez saillante, beaucoup plus étroite que le prothorax, glabre, presque lisse, d'un bronzé obscur et brillant. *Front* assez profondément et assez largement sillonné. *Parties de la bouche* d'un noir bronzé plus ou moins obscur. *Yeux* assez grands, oblongs, subdéprimés, légèrement sinués à leur bord externe.

Antennes courtes, assez grêles, épaissies à leur extrémité; glabres; d'un noir bronzé obscur; à 1er et 2e articles un peu épaissis: le 1er obiong: le 2e granuleux: les 3e à 7e petits, assez grêles, subégaux: les quatre derniers transversaux, épaissis et prolongés en dessous en dents de scie.

Prothorax légèrement transversal un peu plus large que les élytres dans son plus grand diamètre; très-faiblement arrondi au milieu de son bord antérieur; bissinué à la base, avec le lobe médian prolongé au devant de l'écusson en angle obtus et émoussé; fortement rétréci en avant, où il est une fois plus étroit qu'à la base; assez fortement élargi, avant le milieu, sur les côtés qui sont subsinués et largement explanés en arrière, avec les angles postérieurs presque droits ; assez fortement convexe sur son disque ; glabre ; d'un bronzé obscur et très-brillant ; parsemé de points espacés, grossiers et peu profonds ; creusé en outre, sur l'explanation des côtés, au devant des angles postérieurs, d'une large fossette profonde et arrondie.

Ecusson très-petit, triangulaire, enfoncé, peu visible, d'un bronzé obscur et brillant.

Elytres oblongues, 2 fois et demie plus longues que le prothorax ; très-faiblement élargies après leur milieu, à partir duquel elles se rétrécissent fortement jusqu'à leur extrémité ; simultanément et obtusément arrondies à leur sommet qui est mutique ; légèrement convexes ; glabres ; d'un bronzé obscur et très-brillant ; marquées d'environ 8 ou 9 séries de points enfoncés, oblongs, peu profonds, rangés en stries postérieurement effacées ; creusées à la base d'une impression transversale, profonde, sulciforme et légèrement arquée ; offrant en outre sur les côtés, en arrière des épaules, une impression longitudinale, submarginale, prolongée jusqu'au milieu environ. Suture s'épaississant en arrière en une espèce de bourrelet aplati qui va en s'élargissant jusqu'au sommet, au point d'envelopper tout l'angle sutural. *Calus huméral* saillant, presque droit, légèrement émoussé.

Dessous du corps convexe, glabre, d'un bronzé obscur et brillant ; parcimonieusement, grossièrement mais obsolètement ponctué, avec l'extrémité du ventre plus lisse. *Dernier segment ventral* arrondi. *Prosternum* faiblement sinué en devant.

Pieds assez courts, glabres, d'un bronzé obscur. *Cuisses* passablement renflées et comprimées. *Tibias* se logeant sous les cuisses. *Tarses* courts.

PATRIE : Sicile. (Collection Godart).

OBS. Cette espèce est de la taille et de la forme de l'*Aphanisticus pusillus,* OLIVIER. Mais la couleur est moins obscure ; le prothorax est plus convexe, sans impressions transversales, à côtés plus fortement arrondis et plus légèrement explanés en arrière, à angles postérieurs moins

aigus. Les élytres sont plus fortement rétrécies en arrière. Enfin la fossette profonde et arrondie, située vers les angles postérieurs, est un caractère suffisant pour la distinguer de toutes ses congénères.

Trachys ahenata.

Brevis, obovato-subtrigona, parùm convexa, nitidissima, lateribus parcè plagiatìm setosa, œnea, capite pronotoque subvirescentibus. Capite sublœvi; fronte latiùs sulcatâ, utrinquè juxtà antennarum basin profundè foveolatâ. Pronoto valdè transverso, anticè angustiore, medio sublaevi, lateribus obsoletè squamoso-punctato. Elytris levitèr subseriato-punctatis, posticè attenuatis, apice subrotundatis, muticis.

Long. 0,0032; larg. 0,0022.

Corps court, peu convexe, postérieurement rétréci; d'un bronzé brillant, paré, par places, sur les côtés de poils couchés, raides, brillants, blanchâtres.

Tête transversale, assez saillante, subverticale, une fois plus étroite que le prothorax; presque lisse, d'un bronzé brillant et à peine verdâtre; parée de quelques rares poils sétiformes, et creusée de chaque côté au-dessus de l'insertion des antennes d'une fossette profonde. *Front* assez largement sillonné sur son milieu. *Epistome* finement ridé, fortement échancré au sommet. *Parties de la bouche* d'un noir de poix un peu bronzé. *Yeux* grands, verticaux, en ovale allongé, d'une couleur de poix livide.

Antennes grêles, courtes, atteignant le tiers antérieur du prothorax, à peine pubescentes, d'un bronzé obscur; à 1er et 2e articles épaissis: les 3e à 6e plus grêles, subobconiques: les 5 derniers dentés en scie intérieurement.

Prothorax très-court, très-fortement transversal, à peu près de la largeur des élytres à sa base, d'un tiers plus étroit en avant qu'en arrière; oblique et subrectiligne sur les côtés qui rentrent un peu en dedans ou sont très-faiblement arrondis près des angles; fortement et bissinueusement échancré au sommet, avec le lobe médian obtus, beaucoup moins avancé que les angles antérieurs qui sont très-aigus; fortement bissinué à la base, avec le lobe médian très-grand, anguleux, beaucoup plus prolongé que les angles postérieurs qui sont aigus et à peine réfléchis en arrière; subdéprimé latéralement, très-légèrement convexe sur son disque; d'un bronzé un peu verdâtre et très-brillant; glabre, presque lisse ou très-obsolètement et éparsement ponctué sur son milieu; offrant en arrière et surtout sur les côtés une ponctuation écailleuse très-légère, avec ceux-ci parés en outre d'une pubescence sétiforme, très-peu serrée.

Ecusson très-petit, triangulaire, lisse, d'un bronzé brillant.

Elytres de 3 à 4 fois plus longues que le prothorax sur son milieu, subtriangulaires, élargies aux épaules, sensiblement rétrécies depuis celles-ci jusque vers le milieu, après lequel elles se rétrécissent d'une manière brusque jusqu'au sommet qui est obtus et légèrement arrondi; légèrement convexes sur le dos et médiocrement impressionnées en dedans des épaules; d'un bronzé brillant; couvertes d'une ponctuation assez légère, distincte, subsérialement disposée; glabres sur leur disque, parées sur les côtés de poils sétiformes principalement disposés en trois taches marginales : l'une située en arrière des épaules: la 2e vers les deux tiers, et la dernière vers l'extrémité. *Epaules* saillantes, arrondies.

Dessous du corps assez convexe, d'un bronzé brillant, paré de quelques poils sétiformes, très-finement chagriné et couvert en outre d'une légère ponctuation squammiforme.

Pieds assez courts; d'un bronzé brillant, obsolètement chagrinés. *Cuisses* faiblement renflées et éparsement ponctuées. *Tarses* courts.

PATRIE : La Crimée (collection Godart).

OBS. Cette espèce se rapproche des *Trachys pumila*, ILLIG. *Intermedia,* RAMB., et *Aenea,* MANNERH. Elle se distingue de la première de ces espèces par sa couleur moins obscure et par ses élytres moins grossièrement et plus régulièrement ponctuées. Elle diffère des deux autres par ce dernier caractère joint à une taille beaucoup plus avantageuse.

Nous ajouterons, en passant, que les *Trachys troglodytes,* SCHOENH., et *aenea, nana.,* que quelques catalogues font synonymes, nous paraissent devoir constituer deux espèces distinctes; et nous ferons la même observation quant aux *Trachys pumila* et *intermedia.*

Barypeithes meridionalis.

Ovatus nitidissimus ferè glaber, nigro-submetallicus, antennis pedibusque rufis. Rostro brevi, latiùs levitèr sulcato; fronte mediâ profundè foveolatâ; pronoto transverso, lateribus rotundato; elytris punctato-striatis, apice obtusis, interstitiis sublaevibus.

Long. 0,0035; larg. 0,002.

Barypeithes meridionalis, GODART, in litteris.

Corps ovalaire, presque glabre, d'un noir métallique très-brillant.

Tête épaisse, assez proéminente, d'un tiers moins large que le prothorax pris dans sa plus grande largeur; presqué glabre, d'un noir submétallique très-brillant, éparsement et assez légèrement ponctuée, avec quelques rides longitudinales fines, situées en arrière et auprès des yeux. *Rostre* court, épais, assez grossièrement ponctué, triangulairement échancré et longuement cilié à son sommet; assez largement sillonné à sa surface supérieure où il présente sur son milieu une fine rainure, enclose extérieurement par deux rides fines, parallèles en avant et divergeant en arrière. *Front* légèrement convexe, creusé sur son milieu d'une fossette ponctiforme profonde, située à l'extrémité postérieure de la rainure rostrale. *Vertex* assez convexe. *Parties de la bouche* ferrugineuses, plus ou moins ciliées de longs poils grisâtres. *Yeux* assez gros, médiocrement saillants, arrondis, brunâtres.

Antennes grèles, plus longues que la tête et le prothorax réunis, finement pubescentes, rougeâtres. *Scape* atteignant la base du prothorax, grêle à sa base, brusquement renflée en massue au sommet. *Funicule* à 1er article très-allongé, obconique: le 2e obconique, près d'une moitié moins long que le précédent: le 3e petit: le 4e plus grand et un peu plus épais : le 5e petit : le 6e plus grand et plus épais : le 7e aussi large, mais plus court que le précédent : la *massue* elliptique, acuminée.

Prothorax transversal, une fois plus large que long, d'un tiers moins large que les élytres à leur plus grande largeur ; tronqué à la base et au sommet ; légèrement étranglé en arrière de celui-ci, surtout latéralement ; sensiblement arrondi sur les côtés ; faiblement convexe sur le dos ; presque glabre, d'un noir brillant et légèrement métallique ; couvert d'une ponctuation grossière peu serrée, mais un peu plus dense sur les côtés.

Ecusson triangulaire, lisse, d'un noir brillant.

Elytres courtement ovalaires, trois fois plus longues que le prothorax, obtusément arrondies à leur sommet, finement rebordées latéralement ; convexes, assez fortement arrondies sur les côtés ; d'un noir métallique brillant ; presque glabres ou avec quelques soies très-courtes, seulement visibles sur les côtés, et quelques poils grisâtres assez longs, vers le sommet près de l'angle sutural ; offrant chacune neuf stries de points enfoncés, assez forts, avec les intervalles lisses ou éparsement et très-obsolètement ponctués. *Calus huméral* à peine saillant, presque effacé.

Dessous du corps subdéprimé ou faiblement convexe ; d'un noir brillant avec l'anus roussâtre ; finement pubescent, obsolètement ponctué et avec quelques fines rides transversales sur les côtés de la base du ventre et du mésosternum. *Dessous du prothorax* rebordé au sommet et à la base, grossièrement ponctué sur les côtés.

Pieds assez robustes, pubescents, d'un roux ferrugineux. *Cuisses* passablement renflées en leur milieu. *Tarses* courts, épais, garnis en dessous de poils serrés, grisâtres, à dernier article très-grêle.

PATRIE : Cette espèce a été découverte par M. Godart aux environs de Narbonne, sous les pierres, sur une colline non loin de la mer.

OBS. Elle se distingue du *Barypeithes sulcifrons*, SCHÖNH., par sa couleur un peu métallique, et par son rostre moins profondément sillonné.

ESSAI

SUR

LA FAMILLE DES ANOBIDES

PROPREMENT DITS (1)

PAR

E. MULSANT ET CL. REY

Nous n'avons point pour but, dans ce petit essai, de faire l'histoire complète des *Anobides*. Nous n'aurions rien à ajouter au discussions savantes de M. Jacquelin Du Val sur les caractères génériques de cette famille, ainsi que sur les différents groupes à établir dans le genre *Anobium*. Mais nous voulons seulement faciliter la séparation de certaines espèces difficiles à distinguer entre elles, en nous servant principalement des différences que présentent les antennes suivant les sexes, surtout dans les espèces à élytres non striées, et qui doivent constituer une nouvelle coupe *(Liozoüm.* Nob.*)*.

Nous subdiviserons la famille des *Anobides* de la manière suivante :

(1) Nous comprenons sous cette dénomination, seulement les espèces *à corps allongé ou oblong, sans fossettes métasternales et ventrales pour recevoir les cuisses, à antennes non dentées en scie intérieurement ;* c'est-à-dire tout l'ancien genre *Anobium* de Fabricius, avec les nouvelles coupes qui en ont été détachées.

Côtés du prothorax

- Mutiques. *Antennes.*
  - De onze articles, les 3 derniers grands, allongés. *Prosternum* et *mésosternum* simples, non excavés. *Les 2 premiers segments du ventre* non soudés. *Prothorax* arrondi sur les côtés. *Elytres* entièrement striées. *Front*
    - large, à peine étranglé à sa partie antérieure par les insertions des antennes. *Hanches antérieures* plus ou moins écartées entre elles. *Elytres* obtusément tronquées au sommet. . . . . . . Genre PRIOBIUM. Motsch.
    - fortement resserré ou étranglé à sa partie intérieure par les insertions des antennes. *Hanches antérieures* rapprochées, séparées entre elles par une lame très-étroite du *prosternum*. Elytres fortement arrondies au sommet. . . Genre DRYOPHILUS. Chevr.
  - de 10 articles, les 3 derniers grands, comprimés, intérieurement dilatés. *Prosternum* excavé, refoulé bien au-dessous du niveau supérieur des hanches; *mésosternum* antérieurement excavé et réduit en arrière à une lame en forme de cœur bilobé. *Hanches antérieures* et *hanches intermédiaires* assez écartées entre elles. *Les 2 premiers segments du ventre* très-grands, presque soudés sur leur milieu. *Front* large, légèrement rétréci sur son milieu par les yeux. *Prothorax* subcylindrique. *Elytres* striées seulement sur les côtés. Genre GASTRALLUS. J. Duv.
- munis d'une tranche plus ou moins saillante. *Antennes*
  - de 11 articles. *Bord antérieur du prothorax*
    - prolongé en dessous jusqu'aux hanches, en arête plus ou moins saillante. *Hanches antérieures et hanches intermédiaires* plus ou moins distantes. *Lame des hanches postérieures* légèrement dilatée ou angulée en son milieu. *Poitrine* plus ou moins excavée, les *prosternum* et *mésosternum* plus ou moins refoulés au-dessous du niveau supérieur des hanches. *Prothorax* plus ou moins gibbeux ou inégal sur son disque. *Elytres* toujours striées. Les 3 *derniers articles des antennes*, grands, allongés. . . . . Genre ANOBIUM. Fab.
    - non prolongé en dessous jusqu'aux hanches, en arête saillante. *Poitrine* non excavée, les *prosternum* et *mésosternum* élevés ou presque élevés jusqu'au niveau supérieur des hanches. *Prothorax* non gibbeux sur son disque. *Elytres* ponctuées, non striées. *Hanches antérieures* et *hanches intermédiaires*
      - plus ou moins distantes, séparées entre elles par une lame assez large des *prosternum* et *mésosternum*. *Lame des hanches postérieures* brusquement dilatée à sa moitié interne. Les 3 *derniers articles des antennes* grands, allongés. *Tarses* courts et épais. 6e *segment ventral* non apparent. . . . . Genre XESTOBIUM. Motsch.
      - rapprochées, les *antérieures* contiguës, les *intermédiaires* séparées entre elles par une lame très-étroite du *mésosternum*. *Lame des hanches postérieures* étroite, non ou à peine dilatée en son milieu. Les 3 *derniers articles des antennes* très-grands, sublinéaires. *Tarses* allongés. 6e *segment ventral* apparent. . . . . Genre LIOZOUM. Nob.
  - de 10 articles, les 3 *derniers* très-grands, allongés. *Poitrine* simple, non excavée. *Lame des hanches postérieures* étroite, subparallèle. *Tarses* assez allongés. *Prothorax*
    - aussi large que les élytres, muni sur les côtés d'une tranche saillante; à bord antérieur prolongé en dessous jusqu'aux hanches en arête saillante. *Hanches antérieures* et *hanches intermédiaires* faiblement écartées entre elles. *Prothorax* gibbeux sur son disque. *Elytres* striées . . . . Genre OLIGOMERUS. Redt.
    - plus étroit que les élytres, muni, sur les côtés, d'une arête peu saillante, plus ou moins interrompue en arrière; à bord antérieur non prolongé en dessous jusqu'aux hanches en arête saillante. *Hanches antérieures* et *hanches intermédiaires* rapprochées entre elles. *Prothorax* non gibbeux sur son disque. *Elytres* seulement substriées sur les côtés. . . Genre AMPHIBOLUS. Nob.

Genre *Priobium*, Motschoulsky.

(Motsch., Bull. Moscou, 1845, 1° 35.)

(Πριω, je scie; βιοω, je vis.)

Caractères. Corps allongé, subparallèle.

Tête inclinée ou subverticale, assez faiblement engagée dans le prothorax. *Front* large ou à peine étranglé à sa partie antérieure par l'insertion des antennes. *Palpes* à dernier article en cône renversé atténué au sommet. *Mandibules* fortes, coudées presque à angle droit sur les côtés. *Labre* transversal. *Yeux* grands, saillants, globuleux, entiers.

Antennes assez courtes, légèrement épaissies vers l'extrémité, de 11 articles, avec le 1er gros et épais: le 2e plus petit, assez renflé, et les trois derniers grands, allongés.

Prothorax transversal, plus étroit que les élytres; à bord antérieur non prolongé en dessous en arête saillante; arrondi sur les côtés qui sont mutiques et complètement dépourvus de tranche marginale.

Ecusson petit, sémicirculaire.

Elytres allongées, subparallèles, subdéprimées, striées, obtusément tronquées au sommet.

Poitrine simple, non excavée sur son milieu.

Hanches antérieures plus ou moins distantes, séparées entre elles par un prolongement postérieur ou lame subparallèle du *prosternum*.

Hanches intermédiaires plus ou moins distantes, séparées entre elles par un prolongement postérieur ou lame assez large du *mésosternum*. *Hanches postérieures* très-écartées entre elles, formant extérieurement un lame étroite faiblement sinuée près du trochanter, légèrement dilatée dans son milieu, et graduellement rétrécie en dehors.

Ventre de 5 segments apparents: les 1er et 2e, non soudés, un peu plus grands que les suivants: le 1er légèrement bissinué à son bord apical.

Pieds médiocrement allongés. *Tarses* plus courts que les tibias, assez épais, à 1er article oblong: les 2e à 4e graduellement plus courts: les 3e et 4e obcordiformes.

Obs. Ce genre, établi par Motschoulsky, mérite assurément d'être séparé des *Dryophilus*, dont il diffère de prime-abord par un faciès tout autre et par une taille beaucoup plus avantageuse. En effet, les élytres sont plus parallèles, moins convexes et presque tronquées au sommet. Le front est plus large, à peine étranglé par les insertions des antennes. Les hanches, surtout les antérieures, sont plus distantes l'une de l'autre. Les deux premiers segments ventraux sont proportionnellement moins grands ; le bord apical du 1er est beaucoup moins fortement bissinué. Le 1er article des tarses est moins allongé ; les antennes sont plus courtes, et leur trois derniers articles sont toujours moins grands, moins linéaires, etc...

1. **Priobium castaneum**, Fabricius.

Oblongo-elongatum, subdepressum, densiùs luteo-pubescens, rugoso-punctulatum, opacum, fusco-castaneum, antennis pedibusque ferrugineis. Capite pronoto multò angustiore. Pronoto transverso, basi elytris paulò angustiore, antè apicem fortiùs coarctato, ponè medium fortitèr rotundato-ampliato, medio brevitèr subsulcato. Scutello tomentoso. Elytris subparallelis, apice obtusè subtruncatis, profundè crenato-striatis, interstitiis convexis, creberrimè punctulatis. Antennis parùm elongatis.

Anobium castaneum, Fabr., Syst. Eleut., t. 1, p. 322, 5.
Anobium castaneum, Gyl., Ins. Suec., t. 1, p. 290, 3.
Anobium excavatum, Kugel. in Schneid., Mag. t. 1, p. 488, 3.

Long. 0,007 ; larg. 0,003.

♂. *Antennes* à 3 *derniers articles* assez allongés, aussi longs, pris ensemble, que les 6 précédents réunis. *Dernier segment ventral* obtusément tronqué à son sommet, et transversalement impressionné au devant de la troncature.

♀. *Antennes* à 3 *derniers articles* oblongs, pas plus longs, pris ensemble, que les 5 précédents réunis. *Dernier segment ventral* égal, arrondi au sommet.

Corps assez allongé, subdéprimé, opaque, d'un châtain foncé, couvert d'une pubescence courte, serrée, jaunâtre et assez brillante.

Tête inclinée, une fois moins large que le prothorax dans la plus grande largeur de celui-ci; faiblement convexe, finement pubescente, densement et rugueusement ponctuée, opaque, brunâtre ainsi que le *labre* et les *mandibules*. *Palpes* testacés. *Yeux* assez brillants, arrondis, noirs.

Antennes courtes, atteignant à peine la base du prothorax, finement pubescentes, ferrugineuses; à 3e article oblong: les 4e à 8e un peu plus courts, subégaux : les 3 derniers grands, un peu épaissis.

Prothorax transversal, un peu plus étroit que les élytres, d'une moitié plus étroit en avant qu'en arrière : tronqué au sommet, assez fortement étranglé derrière celui-ci; fortement arrondi et dilaté sur les côtés après leur milieu; largement et subbissinueusement arrondi à la base, étroitement rebordé au milieu de celle-ci, avec le rebord quelquefois subinterrompu au dessus de l'écusson, et les angles antérieurs et postérieurs très-obtus, arrondis, peu marqués; assez convexe postérieurement; finement pubescent, opaque, brunâtre, densement et rugueusement ponctué, et creusé sur son milieu d'un petit sillon obsolète, plus ou moins raccourci.

Ecusson assez élevé, sémicirculaire, densement couvert d'une pubescence tomenteuse et jaunâtre.

Elytres suballongées, trois fois plus longues que le prothorax; subparallèles sur les côtés, obsolètement tronquées au sommet; offrant le rebord apical et l'extrémité des rebords sutural et marginal épaissis; subdéprimées; d'un châtain obscur; creusées chacune de 11 stries crénelées, formées de gros points, profonds et carrés, avec les intervalles convexes, densement, finement et rugueusement ponctués, couverts d'une pubescence courte, jaunâtre, très-serrée et contrastant d'une manière tranchée avec les stries qui sont nues. *Epaules* saillantes, gibbeuses, arrondies.

Dessous du corps légèrement convexe, finement pubescent, rugueusement ponctué, d'un noir de poix assez brillant, avec le bord apical des 3 derniers segments ventraux un peu roussâtres. *Lame du mésosternum* beaucoup plus large que celle du *prosternum*.

Pieds médiocrement allongés, très-pubescents, d'un ferrugineux plus ou moins obscur. *Cuisses* à peine renflées. *Tarses* assez allongés et assez épais.

PATRIE : Paris. Montagnes du Lyonnais. Rare.

2. **Priobium tricolor**, OLIVIER.

Elongatum, subdepressum, brevitèr flavo-pubescens, rugoso-punctutulatum, fuscum, antennis, tibiis tarsisque ferrugineis. Capite pronoto pauló angustiore. Pronoto subtransverso, basi elytris multó angustiore, antè apicem levitèr coarctato, lateribus modicè rotundato, medio obsoletè tenuitèr canaliculato. Scutello tomentoso. Elytris parallelis, apice obtusè subtruncatis, profundè crenato-striatis, interstitiis subconvexis, creberrimè punctulatis. Antennis subelongatis.

Anobium tricolor, OLIVIER. Ent. t. 2, n° 16, p. 10, 7, pl. 2, f. 10.

Variétés *a*. Tête et prothorax obscurs : élytres châtaines.
Variétés *b*. Tout le dessous du corps d'un châtain clair.

Long. 0,005 ; larg. 0,018.

♂. *Antennes* à 3 *derniers articles* assez allongés, aussi longs, pris ensemble, que les 6 précédents réunis. *Dernier segment ventral* obtusément tronqué à son sommet et transversalement impressionné au devant de la troncature.

♀. *Antennes à trois derniers articles* oblongs, pas plus longs, pris ensemble, que les 5 précédents réunis. *Dernier segment ventral* égal, arrondi au sommet.

Corps allongé, subdéprimé, opaque, d'un brun noir, couvert d'une pubescence courte, assez serrée, d'un cendré jaunâtre.

Tête inclinée, un peu moins large que le prothorax dans la plus grande largeur de celui-ci ; faiblement convexe, finement pubescente, densement et rugueusement ponctuée, marquée sur son milieu d'une étroite ligne lisse, plus ou moins raccourcie ou obsolète; opaque, brunâtre ainsi que le *labre* et les *mandibules*. *Palpes* testacés. *Yeux* brillants, arrondis, noirs.

Antennes suballongées, dépassant sensiblement la base du prothorax; finement pubescentes, ferrugineuses, avec le 1er article un peu plus obscur; à 3e article suballongé: les 4e à 8e plus courts, subégaux, un peu ou à peine plus longs que larges; les 3 derniers grands, légèrement épaissis.

Prothorax faiblement transversal, beaucoup plus étroit que les élytres, un peu moins large en avant qu'en arrière; tronqué au sommet, légèrement étranglé derrière celui-ci; médiocrement arrondi sur les côtés; largement et bissinueusement arrondi à la base, très-étroitement rebordé au milieu de celle-ci, avec le rebord quelquefois subinterrompu au dessus de l'écusson, et les angles antérieurs et postérieurs très-obtus et peu marqués; légèrement convexe en arrière; finement pubescent, opaque, brunâtre, densement et rugueusement ponctué, et creusé sur son milieu d'un sillon fin, plus ou moins obsolète ou interrompu.

Ecussson assez élevé, sémicirculaire, garni d'une pubescence tomenteuse d'un gris jaunâtre.

Elytres allongées, trois fois plus longues que le prothorax; subparallèles sur les côtés, obtusément tronquées au sommet; offrant le rebord apical et l'extrémité des rebords sutural et marginal épaissis en forme de bourrelet; subdéprimées, d'un brun obscur et opaque; creusées chacune de 10 stries crénelées, formées de points assez gros, profonds, en carré long, avec les intervalles légèrement convexes, densement, finement et rugueusement pointillés, revêtus d'une pubescence fine, assez serrée, d'un cendré jaunâtre. *Epaules* saillantes, gibbeuses, étroitement arrondies.

Dessous du corps légèrement convexe, finement pubescent, rugueusement pointillé, d'un noir de poix assez brillant. *Lame du mésosternum* seulement un peu plus large que celle du *prosternum*.

Pieds médiocrement allongés, finement pubescents, d'un ferrugineux plus ou moins obscur, avec les *cuisses* ordinairement rembrunies.

PATRIE : Environs de Paris, montagnes du Lyonnais, mont Pilat, Bugey, Grande Chartreuse. Sur le bois mort du hêtre.

OBS. Cette espèce a beaucoup de rapports avec la précédente. Elle en diffère par une taille moindre, proportionnellement plus étroite ; par son prothorax moins transversal, moins fortement arrondi sur les côtés ; par ses antennes un peu moins courtes ; par son mésosternum beaucoup moins large ; enfin par ses pieds postérieurs moins écartés entre eux, la saillie antérieure du 1er segment ventral qui les sépare étant bien moins large.

Elle varie quant à la couleur. Tantôt tout le corps est d'un châtain plus ou moins clair avec les pieds entièrement ferrugineux ; tantôt les élytres seules sont châtaines avec la tête et le prothorax plus obscur.

C'est à cette dernière variété qu'on doit certainement rapporter l'*Anobium tricolor* d'olivier. La figure représentant « des élytres tronquées, subparallèles, un prothorax plus étroit que les élytres », et la description qui ajoute : « antennes un peu plus longues que le corselet », et plus loin : « corselet peu élevé », ne permettent aucun doute sur l'identé soit du genre, soit de l'espèce.

Genre *Dryophilus* CHEVROLAT.

(CHEVROLAT, Mag. zool., Ins. 1832, pl. 3; — REDT., Faun. Austr. Ed. 2e, 567.)

(δρυς, chêne ; φιλος, ami.)

CARACTÈRES. *Corps* plus ou moins allongé.

Tête inclinée ou subverticale, assez fortement engagée dans le prothorax. *Front* fortement étranglé à sa partie antérieure par les insertions des antennes. *Palpes* à dernier article atténué au sommet. *Mandibules* assez fortes, arcuément coudées sur les côtés. *Labre* transversal. *Yeux* saillants, globuleux, entiers.

Antennes assez allongées, de 11 articles, avec le 1er passablement: le 2e peu ou point renflé, et les trois derniers grands, très-allongés, sublinéaires.

Prothorax peu ou point transversal, plus étroit que les élytres, à bord antérieur non prolongé en dessous en arête saillante; plus ou moins arrondi sur les côtés qui sont mutiques et complétement dépourvus de tranche marginale.

Ecusson petit, légèrement transversal.

Elytres plus ou moins allongées, plus ou moins convexes, striées, fortement arrondies au sommet.

Poitrine simple, non excavée.

Hanches antérieures rapprochées, séparées entre elles seulement par un prolongement postérieur ou lame très-étroite, plus ou moins tranchante du *prosternum*. *Hanches intermédiaires* légèrement écartées, séparées entre elles par un prolongement postérieur ou lame assez étroite du *mésosternum*, celle-ci plus ou moins rétrécie en forme de triangle tronqué au sommet. *Hanches postérieures* très-écartées entre elles, formant extérieurement une lame étroite, subsinuée près du trochanter, légèrement dilatée ou obtusément angulée dans son milieu et graduellement rétrécie en dehors.

Ventre de 5 segments apparents; les 1er et 2e non soudés, beaucoup plus grands que les suivants: le 1er fortement bissinué à son bord apical et prolongé au milieu de celui-ci.

Pieds assez grèles. *Tarses* un peu plus courts que les tibias, assez épais, à 1er article allongé: les 2e à 4e graduellement plus courts: les 3e et 4e obcodiformes.

A. *Elytres* revêtues d'une pubescence fine et uniforme.

1. **Dryophilus pusillus**, Gyllenhal.

Oblongo-elongatus, subcylindricus, levitèr convexus, parùm nitidus, pube griseâ sericans, densè rugoso-punctulatus, niger, antennis pedibusque fusco-ferrugineis. Fronte brevitèr canaliculatâ. Pronoto subtransverso, basi obsoletè carinulato. Elytris apice rotundatis, tenuiter striato-punctatis, interstitiis planis, subtilissimè punctulatis. Antennarum articulis intermediis suboblongis.

Anobium pussilum. Gyll. Ins. Suec., t. 1, p. 294, 6; — Sturm Deutsch Fauna, t. 11, p. 138, 20, tab. 243, f: A. B.

Variété *a*. Corps d'un châtain plus ou moins clair, avec l'extrémité du ventre roussâtre.

Long. 0,0021 ; larg. 0,001.

♂. *Antennes* presque aussi longues que le corps, à 9e, 10e et 11e articles très-grands, sublinéaires, pas plus épais que les précédents, beaucoup plus longs, pris ensemble, que le reste de l'antenne : le 9e aussi long que les trois précédents réunis: les 4e à 8e oblongs, graduellement moins courts. *Yeux* très-saillants. *Tête*, y compris ceux-ci, sensiblement plus large que le prothorax. *Prothorax* subdéprimé, beaucoup plus étroit que les élytres, sensiblement atténué à son sommet, aussi long que large, légèrement arrondi sur les côtés, obsolètement caréné sur son milieu et creusé de chaque côté d'une impression oblique plus ou moins marquée. *Elytres* allongées, subparallèles, quatre fois plus longues que le prothorax.

♀. *Antennes* à peine de la longueur de la moitié du corps, à 9e, 10e et 11e articles d'une moitié moins grands que dans le ♂, un peu plus épais que les précédents ; sensiblement moins longs, pris ensemble, que le reste de l'antenne : le 9e un peu plus long que les deux précédents réunis : les 4e à 8e assez courts, subégaux. *Yeux* médiocrement saillants. *Tête*, y compris ceux-ci, sensiblement plus étroite que le prothorax. *Prothorax* légèrement convexe, un peu plus étroit que les élytres, un peu moins large au sommet qu'à la base, un peu moins long que large, sensiblement arrondi sur les côtés surtout en arrière, égal ou presque égal sur son disque. *Elytres* en ovale allongé, 3 fois et demie plus longues que le prothorax.

Corps subcylindrique, légèrement convexe, peu brillant, noir, couvert d'une pubescence très-courte, cendrée et soyeuse.

Tête transversale, légèrement inclinée (♂) ou subverticale (♀), finement pubescente, densement et rugueusement pointillée ; d'un noir opaque (♀) ou peu brillant (♂), avec les *mandibules* et les *palpes* ferrugineux. *Front* légèrement convexe, creusé sur son milieu d'un petit sillon fin, plus ou moins raccourci ou obsolète. *Yeux* arrondis, noirs.

Antennes finement pubescentes, ferrugineuses ; à 1er article oblong, un peu épaissi: le 2e plus court, à peine renflé: le 3e un peu plus grêle que le précédent, oblong : les 4e à 8e plus ou moins courts (♀) ou oblongs (♂) : les trois derniers très-grands, le dernier un peu plus long que le précédent, obtusément acuminé au sommet.

Prothorax subtransversal, plus ou moins arrondi sur les côtés, plus étroit que les élytres ; tronqué au sommet, largement arrondi et finement rebordé à la base ; finement pubescent, densement et rugueusement pointillé, d'un noir opaque (♀) ou peu brillant (♂) ; plus ou moins convexe, presque égal ou obsolètement subcaréné en arrière sur son milieu.

Ecusson petit, transversal, finement pubescent, très-finement et rugueusement pointillé, d'un noir un peu brillant.

Elytres oblongues (♀) ou allongées (♂), arrondies au sommet, légèrement convexes, finement pubescentes, d'un noir un peu brillant ; marquées chacune de 10 stries fines et obsolètement ponctuées, et du commencement d'une onzième vers l'écusson : les deux suturales et les deux latérales postérieurement réunies une à une ; avec les intervalles plans, assez larges, très-finement et rugueusement pointillés. *Epaules* saillantes, arrondies.

Dessous du corps assez convexe, finemement pubescent, finement et rugueusement pointillé, d'un noir de poix un peu brillant.

Pieds grêles, pubescents, d'un ferrugineux plus ou moins obscur. *Cuisses* très-peu renflées.

Patrie : Environs de Lyon, Bresse, Beaujolais, mont Pilat, Provence, principalement sur les chênes.

Obs. Les élytres et quelquefois le dessus du corps en entier sont d'un châtain roussâtre, ainsi que l'extrémité du ventre.

2. **Dryophilus anobioides**, Chevrolat.

Elongatus, subcylindricus, levitèr convexus, opacus, pube tenuissimâ albidâ sericans, densè rugoso-punctulatus, niger, clytrorum pronotique apice summo, humeris, antennis, ore pedibusque fusco-ferrugineis. Ver-

tice breviter canaliculato. Pronoto oblongo, basi subbissinuato. Scutello densiùs albido-pubescente. Elytris apice rotundatis, tenuitèr striato-punctatis, interstitiis planis, subtilissimè punctulatis. Antennarum articulis intermediis brevibus, fortiùs contiguis.

Dryophilus anobioides. CHEVROLAT, Mag. Zool. Ins., 1832, pl. 3.
Anobium compressicorne. MULSANT et REY, *in* Op., Ent. 2, p. 17.

Variété *a*. Elytres entièrement d'un brun ferrugineux.

Long. 0,0023 à 0,003; larg. 0,0012.

♂. *Antennes* presque aussi longues que le corps, à 9e, 10e et 11e articles très-grands, sublinéaires et assez fortement comprimés, presque 3 fois plus longs, pris ensemble, que le reste de l'antenne : le 9e aussi long que les 7 précédents réunis. *Yeux* très-saillants. *Tête,* y compris ceux-ci, aussi large que le prothorax dans la plus grande largeur de celui-ci. *Prothorax* légèrement étranglé antérieurement, faiblement convexe et muni au milieu de son tiers postérieur d'une espèce de carène courte, de chaque côté de laquelle se trouve une large fossette oblique et ovale. *Elytres* subparallèles, 4 fois plus longues que le prothorax.

♀. *Antennes* à peine de la longueur de la moitié du corps, à 9e, 10e et 11e articles d'une moitié moins grands que dans le ♂, à peine plus longs, pris ensemble, que le reste de l'antenne, légèrement comprimés: le 9e de la longueur des 4 précédents réunis. *Yeux* médiocrement saillants. *Tête,* y compris ceux-ci, un peu moins large que le prothorax, dans la plus grande largeur de celui-ci. *Prothorax* régulièrement convexe et égal. *Elytres* allongées, faiblement arrondies sur les côtés, 3 fois et demie plus longues que le prothorax.

Corps allongé, subcylindrique, opaque, rugueux, couvert d'un court duvet blanchâtre.

Tête transversale, convexe, couverte d'une ponctuation assez forte et rugueuse, et marquée sur le vertex d'un sillon fin, très-court; d'un noir opaque, avec les *parties de la bouche* ferrugineuses.

Antennes pubescentes, ferrugineuses, avec les 1er, 9e, 10e et 11e articles des ♂ quelquefois obscurcis ; à 1er article dilaté en dedans : le 2e subcylindrique, plus court et plus grêle que le 1er : le 3e pas plus long que large, un peu plus grêle et beaucoup plus court que le précédent : les 4e à 8e serrés, plus (♂) ou moins (♀) transversaux : les 3 derniers plus épais et beaucoup plus allongés que les précédents : le 10e plus court que le 9e, et le dernier un peu plus long que celui-ci.

Prothorax un peu plus long que large, plus étroit que les élytres, rétréci en avant, obliquement tronqué au sommet, légèrement arrondi sur les côtés et au milieu de la base ; celle-ci légèrement sinuée et impressionnée près des angles postérieurs ; ceux-ci obtus, les antérieurs nuls ; densement et rugueusement ponctué ; d'un noir opaque avec le bord antérieur plus ou moins ferrugineux.

Ecusson subtransversal, couvert d'un duvet très-serré et blanchâtre.

Elytres allongées, arrondies au sommet, légèrement convexes, très-finement pubescentes; d'un noir opaque avec le calus huméral, le bord apical et quelquefois la partie postérieure du bord latéral d'un ferrugineux plus ou moins obscur ; marquées chacune de 10 stries étroites assez finement et densement ponctuées et du commencement d'une 11e vers l'écusson ; les deux latérales et les deux suturales postérieurement plus profondes et réunies une à une ; les intervalles plans, finement et densement pointillés. *Epaules* saillantes.

Dessous du corps assez convexe, rugueusement pointillé, noir, soyeux, avec les 2e, 3e et 4e segments ventraux densement ciliés de poils grisâtres à leur bord apical.

Pieds pubescents, d'un ferrugineux plus ou moins obscur.

Patrie : Lyon, Bresse, Avenas (Rhône), mont Pilat ; mai, juin, sur le *pin sauvage (Pinus sylvestris.* Lin*)*.

Obs. Cette espèce ressemble beaucoup au *Dryophilus pusillus,* Gyl. Elle en diffère par son écusson tomenteux, par son prothorax moins court et surtout par la conformation de ses antennes dont les 3e à 8e articles sont beaucoup plus serrés et plus courts, et dont les 3 derniers sont plus épais et et plus comprimés. La lame des hanches postérieures est obtusément angulée sur son milieu. Les élytres sont quelquefois entièrement d'un ferrugineux plus ou moins obscur.

3. **Dryophilus longicollis**, Mulsant et Rey.

Elongatus, subcylindricus, levitèr convexus, subnitidus, pube luteâ sericans, rugoso-punctulatus, ferrugineus, antennis pedibusque dilutioribus, oculis solis nigris. Vertice brevissimè canaliculato. Pronoto oblongo, basi bissinuato. Scutello densiùs albido pubescente. Elytris apice rotundatis, striato-punctatis, interstitiis planis, parcè rugoso-punctulatis. Antennarum articulis intermediis oblongis.

Anobium longicolle. Mulsant et Rey, *in* Op., Ent. 2, p. 14.

Long. 0,002 à 0,003 ; larg. 0,001.

♂. *Antennes* beaucoup plus longues que la moitié du corps, à 3 derniers articles très-grands, sublinéaires, une fois et demie plus longs, pris ensemble, que le reste de l'antenne ; les 9e et 10e, pris ensemble, égalant les 7 précédents réunis. *Yeux* très-saillants. *Tête,* y compris ceux-ci, sensiblement plus large que le prothorax. *Tête* et *prothorax* obscurs avec le sommet de celui-ci ferrugineux. *Prothorax* subdéprimé, sensiblement étranglé à son tiers antérieur, marqué au milieu du tiers postérieur du disque d'un petit tubercule ou carène courte, de chaque côté de laquelle se trouve une large fossette plus ou moins profonde. *Elytres* subparallèles, légèrement rétrécies au milieu, subdéprimées vers la région scutellaire, 4 fois plus longues que le prothorax.

♀. *Antennes* de la longueur de la moitié du corps, à 3 derniers articles d'une moitié moins grands que dans le ♂, égalant, pris ensemble, les 7 précédents réunis. *Yeux* médiocrement saillants. *Tête,* y compris ceux-ci, un peu plus étroite que le prothorax. *Tête* et *prothorax* entièrement ferrugineux. *Prothorax* longitudinalement convexe, très-légèrement comprimé antérieurement sur les côtés, élevé à la base en forme de carène très-obsolète, de chaque côté de laquelle se trouve un sillon oblique peu apparent. *Elytres* en ovale allongé, régulièrement convexes, 3 fois et demi plus longues que le prothorax.

Corps allongé, subcylindrique, un peu brillant, rugueusement pointillé, couvert d'une pubescence soyeuse et jaunâtre.

Tête transversale, convexe, garnie de poils jaunâtres et brillants, assez serrés; densement et rugueusement ponctuée; d'un ferrugineux plus ou moins obscur. *Vertex* marqué d'un très-court sillon, souvent caché sous le bord antérieur du prothorax. *Yeux* grands, noirs.

Antennes pubescentes, ferrugineuses, à 1er article plus épais que les suivants, en massue un peu arquée: le 2e subcylindrique, un peu plus long que le suivant: les 3e à 8e subcylindriques, un peu plus longs que larges, presque égaux: les 3 derniers très-allongés, un peu plus épais que les précédents: le dernier un peu plus long que le 9e: le 10e sensiblement plus court que celui-ci.

Prothorax plus long que large, beaucoup plus étroit que les élytres, un peu rétréci en avant, obliquement tronqué au sommet, légèrement arrondi sur les côtés et au milieu de la base; celle-ci sinuée et impressionnée près des angles postérieurs; ceux-ci presque droits, les antérieurs nuls; densement et rugueusement ponctué; ferrugineux (♀), ou obscur avec le sommet ferrugineux (♂); un peu brillant et garni d'une pubescence soyeuse et jaunâtre, plus serrée au milieu, en avant et près des angles postérieurs.

Ecusson subtransversal, couvert d'un duvet serré, blanchâtre.

Elytres allongées, arrondies, au sommet, légèrement convexe; un peu brillantes, entièrement d'un ferrugineux plus ou moins obscur avec la base ordinairement plus claire; garnies de poils brillants jaunâtres, plus fins, plus longs et moins serrés que ceux de la tête et du prothorax; marquées chacune de 10 stries ponctuées et du commencement d'une 11e à la base vers l'écusson; les deux suturales et les deux latérales postérieurement plus profondes et réunies une à une; les intervalles plans, parcimonieusement et rugueusement ponctués, mais beaucoup plus légèrement que la tête et le prothorax.

Dessous du corps assez convexe, d'un noir de poix assez brillant avec l'extrémité du ventre plus ou moins ferrugineuse; le bord apical des 2e, 3e et 4e segments ventraux cilié de poils jaunâtres.

Pieds finement pubescents, d'un ferrugineux assez clair.

Patrie : La Provence. Février, mars. Assez commun sur le *pin pignon (Pinus pinea*, Lin.*)* et sur le *genévrier cade (Juniperus oxycedrus*, Lin.*)*.

Var. Les élytres sont quelquefois entièrement ferrugineuses, et d'autres fois obscurcies sur leur disque avec la base toujours plus claire.

Obs. Cette espèce diffère du *Dryophilus pusillus*, Gyl., par sa forme plus allongée, plus étroite; par sa couleur moins obscure; par sa pubescence jaunâtre, plus serrée et plus longue; par son prothorax plus inégal et beaucoup plus long; par les stries des élytres moins fines et plus fortement ponctuées, à intervalles couverts d'une ponctuation bien moins serrée; et enfin par ses antennes, dont le 2e article est proportionnellement plus allongé, et dont les 3 derniers sont plus épais que les précédents, ceux-ci étant plus grèles que dans le *Dryophilus pusillus*.

Elle se distingue du *Dryophilus anobioïdes*, Chevr., par la structure de ses antennes, par sa pubescence plus longue, et par sa couleur moins obscure.

4. **Dryophilus rugicollis**, Mulsant et Rey.

Oblongo-ovatus, subcylindricus, levitèr convexus, parùm nitidus, pube tenui albidâ holosericeus, rugoso-punctatus, niger, pronoti et elytrorum apice, humerisque rufo-piceis, antennis, ore pedibusque ferrugineis. Pronoto transverso, basi brevitèr carinulato. Elytris oblongis, tenuitèr striato-punctatis, interstitiis planis parcè punctulatis. Antennis basi pube tenui hirsutis.

Anobium rugicolle. Mulsant et Rey, *in* Op. Ent. 2, p. 19.

Long. 0,0022; larg. 0,0011.

♂. Inconnu.

♀. *Antennes* de la longueur de la moitié du corps, à 3 derniers articles allongés, un peu moins longs, pris ensemble, que le reste de l'antenne. *Yeux* médiocrement saillants; la tête, y compris ceux-ci, un peu plus étroite que le prothorax. *Elytres* en ovale allongé, 3 fois et demie plus longues que le prothorax.

Corps ovale, oblong, subcylindrique, peu brillant, couvert d'une pubescence blanchâtre.

Tête transversale, convexe, finement pubescente, assez fortement et rugueusement ponctuée; d'un noir opaque, avec les *parties de la bouche* ferrugineuses. *Yeux* grands, saillants, noirs.

Antennes de la longueur de la moitié du corps, entièrement d'un ferrugineux clair, garnies, surtout à la base, d'une pubescence fine, assez longue; à 1er article légèrement renflé en massue: le 2e un peu plus long que les suivants: les 3e à 8e presque égaux, un peu serrés, pas plus longs que larges: les 3 derniers allongés: le 10e un peu plus court que le précédent: le 11e un peu plus long que le 9e : celui-ci égalant les 3 précédents réunis.

Prothorax plus court que large, un peu plus étroit que les élytres ; obliquement tronqué au sommet, arrondi sur les côtés et au milieu de la base; celle-ci légèrement sinuée et impressionnée près des angles postérieurs; ceux-ci et les antérieurs très-obtus ou légèrement arrondis; garni de poils rares, fins et soyeux; couvert de points assez forts et rugueux, souvent anastomosés, de manière à former des rides longitudinales; d'un noir opaque avec le bord antérieur d'un roux de poix; marqué à la base d'une petite carène longitudinale occupant le tiers de la longueur.

Ecusson subarrondi, ponctué, noir.

Elytres oblongues, trois fois et demie plus longues que le prothorax, arrondies au sommet; garnies d'une pubescence blanchâtre et soyeuse, peu serrée; un peu brillantes, noires, avec le bord apical et le calus huméral d'un roux de poix; marquées chacune de 10 stries ponctuées et du commencement d'une 11e vers l'écusson; à intervalles plans, couverts d'une ponctuation rare et obsolète, comme écailleuse , ce qui les fait paraître réticulés. *Epaules* assez saillantes.

Dessous du corps assez convexe, rugueusement ponctué, noir; finement pubescent, avec le bord apical des 2e, 3e et 4e segments ventraux densement cilié de poils blanchâtres.

Pieds pubescents, d'un ferrugineux clair.

PATRIE ; Lyon, Hyères. Juin. Sur le chêne.

OBS. Cette espèce, très-voisine du *Dryophilus pusillus*, GYL., s'en distingue cependant par les intervalles des stries moins ponctuées, par la carène de son prothorax, par la couleur plus claire des pieds et des antennes, et enfin par la structure de celles-ci, dont les articles intermédiaires sont un peu plus courts et plus serrés.

Le mésosternum est, dans cette espèce, proportionnellement plus large que dans aucune de ses congénères.

Sur 15 à 20 individus nous n'avons pu observer que des ♀. Le ♂ serait-il très rare ou identique à l'autre sexe?

B. *Elytres* parées de bandes transversales de poils serrés et blanchâtres.

5. **Dryophilus raphaëlensis,** MULSANT et REY.

Oblongus, convexus, obscurus, angulo humerali ferrugineus, antennis pedibusque rufis. Capite pronotoque opacis, densiùs albido-sericec-pubescentibus, tenuitèr densè rugoso-punctatis; hoc longitudinalitèr convexo, basi fortitèr bissinuato, lobo medio producto, antè scutellum truncato. Elytris basi subdepressis, nitidis, fortiùs punctato-striatis, longiùs seriatim albido-pilosis, fasciculatim albido bifasciatis. Antennarum articulis ultimis tribus magnis, elongatis, subæqualibus.

Dryophibus raphaëlensis, MULSANT et REY, *in* Op. Ent. 12, p. 80.

Long. 0,0022; larg. 0,001.

Corps oblong, d'un noir de poix, mat sur la tête et le prothorax, brillant sur les élytres.

Tête plus étroite que le prothorax, inclinée, transversale, subdéprimée, densement et rugueusement ponctuée, d'un noir brunâtre mat; revêtue d'une pubescence blanchâtre, soyeuse, couchée et dirigée en avant; tronquée à son bord antérieur qui est cilié d'assez longs poils blanchâtres, voilant en partie le labre. *Front* marqué d'une petite fossette ponctiforme. *Parties de la bouche* d'un ferrugineux obscur. *Yeux* grands, assez saillants, noirs.

Antennes assez grêles, aussi longues que la moitié du corps, finement pubescentes, entièrement d'un roux ferrugineux assez clair; à 1er article renflé : le 2e beaucoup plus étroit que le précédent, un peu plus long que large : les 3e à 8e oblongs, subégaux : les 3 derniers grands, subégaux, plus épais et beaucoup plus allongés que les précédents : les 9e et 10e presque serriformes en dedans : le dernier subfusiforme, obtusément acuminé au sommet.

Prothorax aussi large que long, d'un tiers plus étroit que les élytres; largement arondi à son bord antérieur, qui est faiblement prolongé en forme de capuchon au dessus du front; assez fortement arrondi sur les côtés, assez profondément bissinué à la base, avec le lobe médian beaucoup plus prolongé en arrière que les latéraux et tronqué au devant de l'écusson; offrant ses angles antérieurs fortement infléchis ou presque nuls, les postérieurs obtus et assez fortement arrondis; fortement et longitudinalement convexe en son milieu; densement assez finement et rugueusement ponctué; d'un brun obscur et mat; revêtu d'une pubescence blanchâtre, soyeuse, assez serrée, couchée et convergeant vers la ligne médiane.

Ecusson transversal, subcordiforme, très-finement chagriné, d'un brun obscur et mat.

Elytres trois fois aussi longues que le prothorax, subparallèles sur leurs côtés jusqu'aux deux tiers de leur longueur, et puis largement arrondies au sommet; subdéprimées à la base vers la région scutellaire; assez convexes postérieurement; d'un noir de poix brillant avec le calus huméral ferrugineux; marquées chacune de 10 stries sinuées à leur base, formées de points enfoncés assez profonds, postérieurement affaiblis et plus gros à la base et sur les côtés, et en outre d'une strie juxta-scutellaire, oblique et raccourcie; parées sur les intervalles qui sont lisses d'une série de poils blanchâtres, soyeux, assez longs, redressés, légèrement inclinés en arrière; ornées en outre de deux bandes transversales, blanchâtres, raccourcies en dedans et n'atteignant pas la suture, composées de poils plus courts, plus serrés et couchés en différents sens, principalement en arrière et en dehors : la première, à la base et occupant la région humérale; la 2e vers les deux tiers de la longueur et offrant en arrière une transparence ferrugineuse. *Epaules* arrondies.

Dessous du corps obscur, rugueux, revêtu d'une pubescence blanchâtre, beaucoup plus serrée sur les côtés de la poitrine.

Pieds assez grêles, finement pubescents, d'un roux ferrugineux. *Cuisses* faiblement épaissies après leur milieu.

PATRIE : Cet intéressant insecte a été trouvé à Saint-Raphaël (Var), par M. Raymond, qui l'a capturé en battant des buissons de ronces. Il nous a été communiqué par M. Godart, de Lyon.

Genre *Gastrallus*. Jacquelin DU VAL.

(Jacquelin DU VAL, Gen. col., tom. 3, 2e partie, p. 215, pl. 53, fig. 262.)
(Γαστηρ, ventre : αλλος, autre.)

CARACTÈRES : *Corps* allongé, subcylindrique.

Tête infléchie, fortement engagée dans le prothorax. *Front* large, légèrement rétréci sur son milieu par les yeux. *Palpes* à dernier article plus ou moins élargi et tronqué au sommet. *Mandibules* assez fortes, déprimées en dessus, arrondies sur les côtés. *Labre* petit, transversal. *Yeux* très-grands, subarrondis, peu saillants, subentiers.

Antennes médiocrement allongées, de 11 articles; à 1er article épaissi en massue oblongue et arquée: le 2e subglobuleux, assez renflé: les 3e à 7e petits, plus ou moins irréguliers: les 3 derniers grands, comprimés, intérieurement dilatés.

Prothorax aussi long que large, subcylindrique, non arrondi sur les côtés, qui sont mutiques, complètement dépourvus d'arête saillante et comme anihilés; largement arrondi à son bord antérieur qui est faiblement avancé sur la tête en forme de capuchon.

Ecusson petit, en carré légèrement transversal.

Elytres allongées, subcylindriques, subparallèles, largement arrondies au sommet; sans stries sur le dos, obsolètement striées sur les côtés.

Prosternum profondément excavé, refoulé bien au dessous du niveau supérieur des hanches : *mésosternum* antérieurement profondément excavé et réduit en arrière à une lame en forme de cœur bilobé, relevée jusqu'à la surface supérieure des hanches. *Hanches antérieures et hanches intermédiaires* passablement écartées entre elles. *Lame médiane du prosternum* paraissant courte et largement échancrée en arrière. *Métasternum* sillonné sur son milieu.

Ventre de 5 segments apparents; les 1er et 2e très-grands, plus ou moins soudés entre eux à leur milieu, à suture faiblement bissinuée, très-fine, mais distincte.

Pieds médiocrement allongés. *Tarses* assez courts et assez épais, à 1er article allongé : les 2e à 4e courts, subtriangulaires.

A. *Sommet du prothorax* obtus.

1. **Gastrallus laevigatus**, Olivier.

Oblongo-elongatus, subcylindricus, levitèr convexus, opacus, tenuissimè cinereo-holosericeus, densè subtilissimè punctulatus, fusco-ferrugineus, pedibus rufis, antennis testaceis. Capite lato, transverso; fronte subdepressâ. Pronoto subquadrato, basi bissinuato et paulò latiore, anticè medio longitudinalitèr elevato, obtuso, angulis posticis obtusis, levitèr productis. Elytris elongatis, lateribus substriatis. Antennis longiùs pubescentibus.

Anobium laevigatum, Ol., Ent., t. 2, n° 16, p. 12, 10, pl. 1, fig. 3.
Anobium immarginatum, Redt., Faun. Austr., éd. 2°, p. 566, 17.
Anobium exile, Sturm., Deut. Faun., t. II, p. 142, 22, pl. 243, f. D.

Long. 0,015 à 0,003; larg. 0,007 à 0,0012.

♂. *Front* pas ou à peine plus large sur son milieu que le diamètre de l'œil. *Les 3 derniers articles des antennes* beaucoup plus longs, pris ensemble, que le reste de l'antenne : les 8e et 9e, pris ensemble, un peu plus longs que tous les précédents réunis : le 9e sensiblement plus long qu'il n'est large à son sommet : le dernier allongé, subrectiligne, sur le milieu de ses côtés, obtusément acuminé à son extrémité.

♀. *Front* beaucoup plus large sur son milieu que le diamètre de l'œil. *Les 3 derniers articles des antennes* un peu plus longs, pris ensemble, que le reste de l'antenne : les 8ᵉ et 9ᵉ, pris ensemble, pas plus longs que tous les précédents réunis : le 9ᵉ à peine plus long qu'il n'est large à son sommet : le dernier ovale-oblong, elliptique, sensiblement acuminé à son extrémité.

Corps assez allongé, subcylindrique, opaque, densement et très-finement ponctué ; d'un ferrugineux plus ou moins obscur ; revêtu d'une pubescence très-courte, serrée, soyeuse et cendrée.

Tête large, transversale, un peu plus étroite que le prothorax, peu brillante ; densement et très-finement ponctuée ; légèrement pubescente ; d'un roux ferrugineux avec le sommet des *mandibules* rembruni et les *palpes* testacés. *Front* subdéprimé. *Yeux* très-grands, subarrondis, noirs.

Antennes dépassant un peu la base du prothorax, garnies d'une pubescence fine et assez longue, entièrement testacées ; à 1ᵉʳ article épaissi en massue oblongue et arquée : le 2ᵉ passablement renflé, subglobuleux, ou à peine plus long que large : le 3ᵉ très-grêle, oblong, obconique : les 4ᵉ à 6ᵉ obliquement coupés, faiblement dilatés intérieurement en dents de scie émoussées et dirigées en arrière : le 5ᵉ à dent moins sentie : les 4ᵉ et 5ᵉ très-courts, fortement transversaux : le 6ᵉ plus grand, triangulaire : le 7ᵉ très-petit, subglobuleux : les 3 derniers très-grands, comprimés, formant une massue lâche : le dernier distinctement plus long que le précédent.

Prothorax presque carré, subcylindrique, presque aussi large que les élytres à sa base ; un peu plus étroit en avant ; plus ou moins comprimé sur les côtés ; très-finement rebordé et sensiblement bissinué à la base, avec les angles postérieurs obtus (vus latéralement), relevés et un peu prolongés en arrière ; longitudinalement convexe sur sa ligne médiane et faiblement prolongé au dessus de la tête en forme de capuchon arrondi et obtus ; très-finement pubescent ; très-densement et très-finement ponctué; d'un roux ferrugineux plus ou moins obscur et opaque.

Ecusson petit, en carré subtransversal; opaque; densement pointillé; d'un roux ferrugineux plus ou moins obscur.

Elytres allongées, trois fois plus longues que le prothorax, subparallèles sur les côtés, largement arrondies au sommet; très-étroitement rebordées à la suture et sur les côtés; légèrement convexes; très-finement et très-densement ponctuées; peu brillantes; d'un roux ferrugineux plus ou moins obscur; revêtues d'une pubescence très-fine et soyeuse; marquées sur les côtés de 2 ou 3 stries obsolètes mais assez visibles, de quelques rudiments de stries vers le sommet, et offrant sur le reste de leur surface des vestiges de stries seulement indiquées par des lignes obscures. *Epaules* assez saillantes, arrondies.

Dessous du corps convexe, finement pubescent, finement et légèrement ponctué, d'un roux ferrugineux un peu brillant et plus ou moins obscur.

Pieds finement pubescents; d'un roux ferrugineux; *tarses* plus clairs, à 1er article à peine plus long que les 2 suivants réunis.

PATRIE : Lyon, Beaujolais, Bourgogne. Sur les haies.

OBS. Cette espèce varie beaucoup pour la taille. Sa couleur est aussi quelquefois beaucoup plus claire.

B. *Sommet du prothorax* tuberculé.

2. **Gastrallus sericatus**, LAPORTE.

Elongatus subcylindricus, subparallelus, leviter convexus, opacus, tenuissime cinereo-holosericeus, dense subtilissime punctulatus, nigro-piceus, pronoti apice, obscure ferrugineo antennis, femorum apice, tibiis, tarsis anoque piceo-testaceis. Capite latiusculo; fronte leviter convexâ. Pronoto subquadrato, basi leviter bissinuato et paulò latiore, anticè medio longitudinaliter elevato, tuberculato. Elytris valdè elongatis, lateribus substriatis. Antennis longiùs pubescentibus.

Anobium sericatum, LAPORTE, Hist. nat., col. t. 1, p. 294, 15.
Anobium sericatum, REDTENBACHER, Faun. Austr., éd. 2e, p. 566, 18.
Gastrallus immarginatus, J. DU VAL, t. 3, pl. 53, fig. 262.

Long. 0,0025; larg. 0,001.

♂. *Front* une fois et demie plus large sur son milieu que le diamètre de l'œil. *Les* 3 *derniers articles des antennes* beaucoup plus longs, pris ensemble, que le reste de l'antenne: les 8e et 9e, pris ensemble, un peu plus longs que tous les précédents réunis: le 9e allongé, subrectiligne à sa tranche interne sur les deux tiers de sa longueur: le dernier très-allongé, subrectiligne sur le milieu de ses côtés, obtusément acuminé à son sommet.

♀. *Front* presque deux fois plus large sur son milieu que le diamètre de l'œil. *Les* 3 *derniers articles des antennes* à peine plus longs, pris ensemble, que le reste de l'antenne: les 8e et 9e, pris ensemble, plus courts que tous les précédents réunis: le 9e assez fortement arrondi et dilaté à sa tranche interne: le dernier ovale-oblong, elliptique, sensiblement acuminé au sommet.

Corps très-allongé, subcylindrique; densement et très-finement ponctué; d'un noir opaque, revêtu d'une pubescence très-courte, très-serrée, soyeuse et cendrée.

Tête assez large, transversale, un peu plus étroite que le prothorax; peu brillante, densement et très-finement ponctuée; finement pubescente; d'un noir obscur, avec les *parties de la bouche* ferrugineuses, le sommet des *mandibules* rembruni et les *palpes* testacés. *Front* légèrement convexe sur son milieu. *Vertex* quelquefois avec une petite ligne enfoncée, très-fine, peu mobile. *Yeux* grands, arrondis, noirs.

Antennes dépassant un peu la base du prothorax, garnies d'une pubescence fine et assez longue; d'un testacé de poix, avec le 4e article ordinairement rembruni; épaissi en massue oblongue et arquée; le 2e passablement renflé, pas plus long que large, un peu dilaté intérieurement: le 3e grêle, oblong, obconique; les 4e à 6e obliquement coupés, faiblement dilatés intérieurement en dents de scie émoussées et dirigées en arrière: le 5e à dent moins sentie; les 4e et 5e très-courts, transversaux: le 6e plus grand, triangulaire: le 7e très-petit, subglobuleux:

les 3 derniers très-grands, comprimés, formant une massue lâche : le dernier distinctement plus long que le précédent.

Prothorax presque carré, subcylindrique ; presque aussi large que les élytres à sa base ; un peu plus étroit en avant ; plus ou moins comprimé sur les côtés ; très-finement rebordé et légèrement bissinué à la base, avec les angles postérieurs très-obtus (vus latéralement), relevés et non prolongés en arrière ; longitudinalement convexe sur sa ligne médiane et passablement prolongé au dessus de la tête en forme de capuchon arrondi, mais muni en dessus d'un tubercule comprimé ; finement pubescent ; finement et densement pointillé ; d'un noir opaque avec sommet ferrugineux.

Ecusson petit, en carré transversal ; opaque ; densement pointillé ; obscur.

Elytres allongées, plus de trois fois plus longues que le prothorax ; subparallèles sur les côtés, largement arrondies au sommet ; très-étroitement rebordées à la suture et sur les côtés ; légèrement convexes ; trés-finement et très-densement ponctuées ; d'un noir brunâtre et opaque ; revêtues d'une pubescence courte, très-fine, très-serrée et soyeuse, marquées sur les côtés de 2 ou 3 stries obsolètes, mais assez visibles, sans vestiges sensibles de stries sur le reste de leur surface. *Epaules* saillantes, légèrement arrondies.

Dessous du corps assez convexe, très-finement pubescent, très-légèrement et finement ponctué, d'un noir de poix assez brillant, avec l'anus plus plus ou moins roussâtre.

Pieds finement pubescents, d'un testacé de poix plus ou moins ferrugineux, avec les *tarses* plus clairs et les *cuisses* plus ou moins rembrunies ; 1er *article des tarses* presque aussi long que les trois suivants réunis.

Patrie : Lyon, Beaujolais. En battant les haies d'aubépine.

Obs. Cette espèce, quoique ayant infiniment de ressemblance avec la précédente, nous paraît devoir être séparée avec raison, ainsi que l'a fait M. Redtenbacher. Elle est proportionnellement plus étroite, plus allongée et plus parallèle ; sa couleur est toujours plus obscure; le front est plus convexe; le sommet du prothorax est plus avancé sur la tête et tuberculé en dessus; sa base est moins sensiblement bissinuée, et ses angles postérieurs, vus latéralement, sont encore plus obtus et non prolongés en arrière. Les cuisses et le 1er anneau des antennes sont toujours plus ou moins obscurcis; le 9e article de celles-ci est plus allongé chez les ♂; enfin le 1er article des tarses est sensiblement plus allongé.

Le *Gastrallus immarginatus*, J. DU VAL., nous paraît, d'après la figure, devoir se rapporter à notre *sericatus*. Quant aux *Anobium immarginatum*, MÜLLER, et *exile*, GYL., ils semblent convenir autant au *Gastrallus laevigatus* qu'au *sericatus*, et sans doute ces deux auteurs auront confondu ces deux espèces bien voisines.

Genre *Anobium*, FABRICIUS.

(FABRICIUS, Syst. Ent., p. 62: Syst. Eleuth., 1, p. 321; — STURM, Deutsch. Faun., t. 11, p. 98; — GYLLENHAL, Ins. suec, t. 1, p. 288; OLIVIER, t. 2. nº 16.)

(Ἀναβιόω, je revis.)

CARACTÈRES. *Corps* plus ou moins allongé et subparallèle.

Tête infléchie, plus ou moins fortement engagée dans le prothorax, brusquement rétrécie au devant des yeux. *Front* assez large. *Palpes* à dernier article oblong, plus ou moins obtusément et obliquement tronqué à son sommet (1). *Mandibules* assez saillantes, plus ou moins arcuément coudées sur leurs côtés. *Labre* court, transversal. *Yeux* de grosseur médiocre, subarrondis, généralement assez saillants, subentiers.

Antennes ordinairement peu allongées, sensiblement épaissies vers l'extrémité, de 11 articles: le 1er oblong plus ou moins épaissi: le 2e faiblement renflé: le 3e obconique, souvent oblong: les 4e à 8e, plus

(1) Le dernier article des *Palpes*, varie beaucoup suivant les espèces. Il est quelquefois largement tronqué au sommet (*nitidum*, *paniceum*), d'autrefois si obliquement tronqué qu'il paraît presque fusiforme (*emarginatum cinnamoneum*).

ou moins courts et transversaux; les 3 derniers grands, plus ou moins allongées, faiblement comprimés.

Prothorax non ou faiblement transversal, ordinairement bissinué à la base; à bord antérieur prolongé en dessous jusqu'aux hanches en arête plus ou moins saillante; plus ou moins irrégulier ou sinueux sur les côtés qui sont munis d'une tranche saillante; plus ou moins gibbeux ou inégal sur son disque, et plus ou moins fortement prolongé sur la tête en forme de capuchon arrondi.

Ecusson assez grand, oblong, quelquefois transversal.

Elytres plus ou moins allongées et subparallèles; plus ou moins arrondies et quelquefois obtusément tronquées au sommet; toujours distinctement striées.

Poitrine plus ou moins excavée, les *prosternum* et *mésosternum* étant plus ou moins refoulés au dessous du niveau supérieur des hanches. *Hanches antérieures* et *intermédiaires* plus ou moins distantes; les *postérieures* assez écartées entre elles. *Métasternum* à fossette profonde. *Ventre* de 5 segments apparents.

Pieds médiocrement allongés. *Tarses* (1) généralement assez épais et plus courts que les tibias, quelquefois un peu plus grèles et assez allongés; à 1er article plus ou moins allongé : les 2e à 4e graduellement plus courts : le 4e cordiforme ou subbilobé : le dernier plus ou moins épaissi.

Nous grouperons les différentes espèces du genre *Anobium* de la manière suivante :

---

(1) Les tarses varient aussi beaucoup dans ce genre, quand à leur longueur et leur épaisseur relatives.

Excavation de la poitrine

- très-profonde, prolongée jusqu'au milieu du *métasternum*. *Côtés du prothorax* plus ou moins sinueux ou irréguliers. *Lame du prosternum* courte, assez large,
  - longitudinalement carinulée sur son milieu. *Les* 2e à 5e *segments ventraux* soudés dans leur milieu; les 2e à 4e subégaux; le 1er court, à bord apical faiblement bissinué. *Tarses* courts et épais, à 1er article oblong. *Prothorax*
    - à angles postérieurs droits, bien marqués . . . *A. denticolle*, Panz.
    - à angles postérieurs obtus et arrondis . . . *A. pertinax*, Lin.
  - non carinulée sur son milieu. Les 2e à 5e *segments ventraux* non soudés; les 2 *premiers* subégaux deux fois plus grands, séparément, que chacun des deux suivants; le 1er à bord apical profondément bissinué et fortement prolongé en son milieu. *Tarses* assez épais, à 1er article allongé. . . . . *A. striatum*. Oliv.
- plus ou moins profonde, non prolongée sur le *métasternum*. *Côtés du prothorax* plus ou moins sinueux ou irréguliers. *Lame du prosternum*
  - courte, assez large et échancrée au sommet. *Lame des hanches postérieures*
    - plus ou moins obtusément élargie en son milieu. *Elytres*
      - obtusément tronquées au sommet. *Corps* obscur à peine pubescent, fuligineux. 3e *article des antennes*
        - plus grêle, mais au moins aussi long que le précédent. . . *A. fulvicorne*. Sturm.
        - plus grêle, mais sensiblement plus court que le précédent . *A. nitidum*. Herbst.
      - distinctement tronquées au sommet. *Corps* couvert d'une pubescence tomenteuse, cendrée, qui le fait paraître entièrement grisâtre. . . . . . *A. fagi*. Chevrol.
    - distinctement angulée en son milieu. *Ventre* à 2e et 3e *segments*, pris séparément, sensiblement plus grands que le 4e; le 1er, court, très-faiblement bissinué à son bord apical . . . . *A. emarginatum*. Duf.
  - prolongée et rétrécie au sommet en pointe mousse, ainsi que celle du *mésosternum*. *Lame des hanches postérieures* subangulée en son milieu. Les 1er et 2e *segments ventraux* subégaux, un peu plus grands, pris séparément, que chacun des deux suivants; le 1er à bord apical presque droit ou très-faiblement bissinué. *Tarses* peu épais, à 1er article très-allongé. . . . . *A. rufipes*. Fabr.
- plus ou moins affaiblie, non prolongée sur le *métasternum*. *Côtés du prothorax* régulièrement arrondis. *Lames du prosternum et du mésosternum*
  - largement tronquées au sommet. *Prothorax* fortement rétréci en arrière sur ses côtés; presque rectiligne ou très-faiblement bissinué à sa base, celle-ci non prolongée en son milieu. *Tarses* courts et épais. *Elytres* fortement striées . . . . *A. hirtum*. Illig. / *A. tomentosum*. Dej.
  - rétrécies en pointe mousse. *Prothorax* fortement élargi en arrière sur ses côtés; fortement prolongé en arrière au milieu de sa base. *Tarses* assez grêles, à 1er article allongé. *Elytres* finement et légèrement striées . . . . *A. paniceum*. Linn.

On voit par le tableau précédent que les diverses espèces du genre Anobium diffèrent entre elles par des caractères souvent organiques et d'une plus ou moins grande importance. Les *Anobium hirtum* et *paniceum* surtout, par leur faciès tout autre, par leur prothorax moins irrégulier sur les côtés, sembleraient devoir être retranchés du genre, et même constituer, chacun d'eux séparément, une coupe distincte dont nous donnerons ici les principaux caractères.

Sous-genre : *Neobium*, Nob.

(Νέως, nouvellement, βιόω, je vis).

Tête infléchie. *Palpes* à dernier article oblong, très-obliquement tronqué en dedans. *Prothorax* à côtés, régulièrement arrondis et fortement rétrécis en arrière, subrectiligne ou très-faiblement bissinué à la base, légèrement capuchonné en avant. *Poitrine* faiblement excavée. *Prosternum* et *mésosternum* à lame large, tronquée au sommet. *Hanches* notablement écartées entre elles. *Le 4e segment ventral* le plus petit de tous; le 1er court, presque droit ou faiblement sinué au milieu de son bord apical. *Tarses* courts et épais. *Elytres* fortement striées. (Type : *Anobium hirtum*. Illig.).

Sous-genre : *Artobium*, Nob.

(Αρτος, pain, βιόω, je vis).

Tête très-infléchie. *Palpes* à dernier article assez fortement élargi et tronqué au sommet. *Prothorax* à côtés régulièrement arrondis, fortement élargis en arrière; notablement prolongé au milieu de sa base; faiblement capuchonné en avant. *Poitrine* très-faiblement excavée. *Prosternum et mésosternum* à lame rétrécie en pointe mousse. *Hanches antérieures* et *hanches intermédiaires* médiocrement écartées entre elles. *Les 3e et 4e segments* ventraux subégaux, plus petits que les autres; le 1er faiblement bissinué à son bord apical. *Tarses* assez grêles, à 1er article allongé. *Elytres* légèrement striées. (Type : *Anobium paniceum* Linn.).

I. *Excavation de la poitrine* très-profonde, prolongée jusqu'au milieu du *métasternum*.

A. *Prosternum* longitudinalement caréné. Les 2e *à* 5e *segments ventraux* soudés dans leur milieu : les 2e et 4e subégaux : le 1er faiblement bissinué à son bord apical. *Tarses* courts et épais, à 1er article oblong. (*Dendrobium* Nob.).

(Δένδρον, arbre; βιόω, je vis).

a. *Prothorax* à angles postérieurs droits, bien marqués.

1. **Anobium denticolle,** Panzer.

Elongatum, cylindricum, opacum, densiùs pubescens, asperato-punctu-

latum, obscuro-brunneum, antennis pedibusque ferrugineis. Pronoto subquadrato, disco transversim elevato, basi bissinuato et transversim impresso, lateribus ad angulos anticos excavato, medio obsoletè canaliculato; angulis posticis rectis, levitèr productis, intùs suprà densè maculatim griseo-pubescentibus. Elytris subparallelis, apice rotundatis, modicè striato-punctatis. Antennis brevibus, articulis 2° et 3° subæqualibus. Tarsis incrassatis, articulo 1° oblongo.

Anobium denticolle, PANZER, Faun. Ins. Germ., 35, 8.
— — STURM, Deutsch. Faun., t. 11, p. 106, 3, pl. 240, f. A, a.
— — GYLLENHAL, Ins. suec., t. 4, p. 323, 3-4.

Long, 0,005 à 0,006; larg. 0,002.

Corps allongé, cylindrique, d'un brun opaque; couvert d'une pubescence obscure, courte et serrée avec une grande tache de poils grisâtres vers les angles postérieurs du prothorax.

Tête transversale, fortement retirée dans le prothorax, sensiblement plus étroite que celui-ci; aspèrement ponctuée; pubescente; d'un brun obscur et opaque, avec les *palpes* testacés. *Front* faiblement convexe. *Yeux* médiocrement saillants, arrondis, noirs.

Antennes peu allongées, dépassant un peu la base du prothorax; finement pubescentes, ferrugineuses; à 1er article oblong, sensiblement renflé: les 2e et 3e subégaux : le 2e un peu plus long que large, à peine épaissi : le 3e oblong, obconique: les 4e à 8e intérieurement pilosellés, transversaux, graduellement un peu plus courts et plus épais : les trois derniers grands, allongés, faiblement comprimés, un peu plus épais que les précédents, égalant, pris ensemble, le reste de l'antenne (♂, ?): le dernier subparallèle, un peu plus long que le 10e, obtusément acuminé au sommet.

Prothorax presque carré, aussi large que les élytres; prolongé et arrondi à son bord apical, largement arrondi antérieurement sur les côtés qui sont assez fortement réfléchis; comprimé et fortement excavé latéralement vers les angles antérieurs qui sont fortement arrondis; bissinué et transversalement déprimé à la base, légèrement subsinué en arrière sur les côtés au devant des angles postérieurs qui sont droits, bien sentis, un peu prolongés en arrière et surmontés en dessus d'une carène obtuse; transversalement convexe au milieu de son disque, avec la surface élevée irrégulière, presque plane ou subimpressionnée latéralement; offrant sur son milieu une ligne enfoncée très-fine, partant de la base, un peu plus forte sur la partie élevée, obsolète antérieurement et ne reparaissant que sur le bord apical même, où il forme comme une fente légère; rugueusement et aspèrement ponctué; d'un brun obscur et opaque; revêtu d'une pubescence assez obscure qui devient grisâtre et plus serrée vers la base où elle se condense près des angles postérieurs en une grande tache d'un cendré un peu jaunâtre.

Ecusson en carré long, un peu élargi postérieurement; d'un brun obscur; densement cilié sur les côtés de poils grisâtres.

Elytres allongées, cylindriques; trois fois et demie plus longues que le prothorax; parallèles sur les côtés, arrondies au sommet, légèrement convexes sur le dos; d'un brun obscur et opaque; revêtues d'une pubescence serrée, obscure mais devenant grisâtre sur les côtés, principalement en dessous des épaules; marquées chacune de 10 stries peu profondes, formées de points assez forts, et du commencement d'une 11e vers l'écusson, avec les intervalles légèrement convexes et alternativement plus élevés à la base. *Epaules* peu saillantes, subarrondies.

Dessous du corps assez convexe. pubescent, rugueusement et aspèrement ponctué, peu brillant, noirâtre. *Prosternum* longitudinalement carinulé en son milieu. *Ventre à 2e à 5e* segments soudés en leur milieu: les 2e à 4e subégaux: le 1er court, faiblement bissinué à son bord apical, avec le milieu de celui-ci courtement sinué ou entaillé: le 5e fortement impressionné et subéchancré à son sommet (♂, ?). *Lame des hanches postérieures* obtusément angulée sur son milieu.

Pieds peu allongés, finement pubescents; ferrugineux. *Tarses* épais, beaucoup plus courts que les tibias, à 1er article oblong.

PATRIE : Les Alpes et les parties orientales de la France.

Obs. Nous ne connaissons que le ♂ de cette espèce, qui est rare dans nos localités.

♂. *Les* 3 *derniers articles des antennes* aussi longs, pris ensemble, que le reste de l'antenne. 5e *segment ventral* fortement impressionné et réfléchi à son sommet.

aa. *Prothorax* à angles postérieurs obtus, arrondis.

2. Anobium pertinax, Lin.

Elongatum, subcylindricum, opacum, brevitèr fusco pubescens, asperato granulatum, nigro-fuscum, antennis, tibiis tarsisque obscuro-ferrugineis. Fronte subdepressâ. Pronoto subtransverso, anticè angustiore, apice leviter reflexo, disco bissinuatim palmato-elevato, lateribus ad angulos anticos excavato, basi utrinquè sinuato et latiùs impresso; angulis posticis obtusis, rotundatis, non productis, intùs suprà densè maculatim subluteo-pubescentibus. Elytris elongatis, apicè latius rotundatis, fortiùs striato-punctatis. Antennis brevibus, articulis 2° et 3° subæqualibus. Tarsis incrassatis, articulo 1° oblongo.

Dermestes pertinax, Linné, Syst. Nat., t. 2, p. 563, 2.
Anobium pertinax, Olivier, Ent. t. 2, n° 16, p. 6, 2, pl. 1 fig. 4.
— — Gyllenhal, Inst. suec., t. 1, p. 288, 1.
— — Sturm, Deutsch. Faun., t. 11, p. 104, 1.
Anobium striatum, Fabricius, Syst. Eleuth., t. 1, 321, 2.

Long. 0,006 à 0,007; larg. 0,002 à 0,0026.

♀. *Les* 3 *derniers articles des antennes* sensiblement moins longs, pris ensemble, que le reste de l'antenne. 5e *segment ventral* faiblement impressionné et légèrement réfléchi à son sommet.

Corps allongé, subcylindrique; d'un noir obscur et opaque; couvert d'une pubescence courte et serrée, avec une tache de poils jaunâtres vers les angles postérieurs du prothorax.

Tête transversale, passablement infléchie et retirée dans le prothorax, beaucaup plus étroite que celui-ci; finement granulée, très-légèrement pubescente; d'un noir obscur, avec les *palpes* testacés. *Front* large, subdéprimé. *Yeux* assez petits, très-peu saillants, noirs.

Antennes peu allongées, dépassant un peu la base du prothorax, finement pubescentes, ferrugineuses; à 1er article oblong, arqué, assez fortement épaissi: les 2e et 3e subégaux: le 2e sensiblement renflé, pas plus long que large: le 3e plus grêle, oblong, obconique: les 4e à 8e transversaux, graduellement plus courts et plus épais: les 3 derniers grands, allongés, faiblement comprimés, un peu plus épais que les précédents: le dernier un peu plus long que le 10e, obtusément acuminé au sommet (1).

Prothorax très-légèrement transversal, presque aussi large à sa base que les élytres, sensiblement rétréci antérieurement, prolongé et arrondi à son bord apical qui est légèrement réfléchi; faiblement et subsinueusement arrondi sur les côtés qui sont fortement réfléchis; comprimé latéralement et fortement excavé vers les angles antérieurs qui sont largement arrondis; bissinué à la base, avec le sinus court et placé près des angles postérieurs qui sont obtus et arrondis; transversalement et bissinueusement élevé sur son disque, avec la surface élevée inégale, palmée, limitée postérieurement par un arc dont les branches latérales vont rejoindre les angles postérieurs, et dont le milieu émet en arrière une arête dans la direction de l'écusson et en avant deux arêtes courtes, divergentes, plus ou moins affaiblies; creusé de chaque côté de la base d'une large impression transversale ocupant tout l'espace compris entre l'arête médiane et les angles postérieurs; d'un noir obscur, peu brillant; densement granulé, offrant à son sommet une fine et courte carène, plus ou moins obsolète, au devant de laquelle le bord apical est faiblement sinué; finement pubescent, et paré de chaque côté vers les angles postérieurs d'une grande tache de poils jaunâtres, serrés et brillants.

---

(1) Dans ce genre, et en général dans la tribu qui nous occupe, les trois *derniers articles* des antennes, étant ordinairement plus dilatés intérieurement chez les ♀ que chez les ♂, sont aussi proportionnellement plus élargis que *les articles intermédiaires*. Ceux-ci, en outre, sont souvent un peu plus grêles, un peu moins saillants en dedans, chez les ♀ que chez les ♂.

Ecusson en carré long, postérieurement rétréci ; obscur ; finement pubescent.

Elytres allongées, subcylindriques, trois fois et demie plus longues que le prothorax, subparallèles sur les côtés, largement arrondies au sommet, légèrement convexes sur le dos ; d'un noir obscur, opaque ; marquées chacune de 10 stries fortement ponctuées, à points carrés, brillants, et du commencement d'une 11e vers l'écusson ; avec les intervalles plans, très-finement chagrinés, couvert d'une pubescence très-courte, très-serrée et comme fuligineuse. *Epaules* peu saillantes, arrondies.

Dessous du corps légèrement convexe, finement pubescent, soyeux, densement granulé, obscur, peu brillant. *Prosternum* carinulé sur son milieu. *Ventre à 2e à 5e segments* soudés sur leur milieu ; les 2e *à* 4e subégaux ; le 1er court, faiblement sinué au milieu de son bord apical. *Lame des hanches postérieures* subgraduellement rétrécie de dedans en dehors.

Pieds peu allongés, finement pubescents, d'un ferrugineux plus ou moins obscur, avec les *cuisses* toujours plus rembrunies. *Tarses* épais, sensiblement plus courts que les tibias, à 1er article oblong.

PATRIE : France septentrionale et orientale ; Grande-Chartreuse, sur les sapins.

AA. *Prosternum* non carinulé. Les 2e à 5e *segments ventraux* non soudés ; les *deux premiers* grands, subégaux ; le 1er à bord apical profondément bissinué et fortement prolongé sur son milieu. *Tarses* assez épais, à 1er article allongé.

3. Anobium striatum, OLIV.

Elongatum, subcylindricum, opacum, densiùs sericeo-pubescens, crebrè punctulatum, fuscum, antennis pedibusqae ferrugineis, pronoti apice, ventre humerisque rufo-piceis. Fronte mediâ abruptè convexâ, subgibbosâ. Pronoto anticè angustiore, disco in tuberculum trigonum elevato, medio obsoletè canaliculato, lateribus et posticè sinuato-truncato, versùs basin utrinquè biimpresso, angulis posticis obsoletis. Elytris elongatis, leviter convexis, apice latiùs rotundatis, striato-punctatis. Antennis sublongatis, articulis 2° et 3° subæqualibus. Tarsis subincrassatis, articulo 1° subelongato.

Anobium striatum, Olivier, Ent., t. 2, nº 6.16, p. 9, , pl. 2, fig. 7, a, b.
— — Gyllenhal, Ins. suec., t. 1, p. 291, 4.
— — Sturm, Deutsch. Faun. t. 11, p. 110, 5.
Anobium pertinax, Fabricius, syst. Eleuth., t. 1, p. 322, 6.

Long. 0,004 à 0,005; larg. 0,0012 à 0,002.

♂. *Les 3 derniers articles des antennes* allongés, sensiblement plus longs, pris ensemble, que le reste de l'antenne; les 9e *et* 10e, pris ensemble, aussi longs que tous les précédents réunis ; le *dernier* étroit, subparallèle sur ses côtés, obtusément acuminé au sommet. 5e *segment ventral* transversalement impressionné à son sommet et sensiblement réfléchi à son bord apical.

♀. *Les 3 derniers articles des antennes* médiocrement allongés, à peine plus longs, pris ensemble, que le reste de l'antenne; les 9e *et* 10e pris ensemble, plus courts que tous les précédents réunis : le dernier légèrement arrondi à sa tranche interne, acuminé au sommet. 5e *segment ventral* non impressionné, muni avant son extrémité de deux tubercules obsolètes, souvent nuls, mais alors faiblement impressionné sur les côtés le long de leur tranche.

Corps allongé, subcylindrique, obscur, opaque, revêtu d'une pubescence assez serrée, soyeuse, d'un cendré un peu jaunâtre.

Tête transversale, passablement infléchie et retirée dans le prothorax, sensiblement plus étroite que celui-ci; finement et rugueusement ponctuée; pubescente; impressionnée sur l'épistôme, déprimée sur les côtés, convexe ou subgibbeuse sur la région frontale; obscure, opaque, avec les *palpes* testacés. *Yeux* assez grands, peu saillants, noirs.

Antennes suballongées, dépassant sensiblement la base du prothorax, finement pubescentes; ferrugineuses; à 1er article oblong, arqué, assez fortement épaissi : les 2e et 3e subégaux : le 2e légèrement renflé, un peu plus long que large : le 3e plus grêle, oblong, obconique : les 4e à 8e substransversaux, graduellement plus courts : les 3 derniers grands, allongés, légèrement comprimés, sensiblement plus épais que les précédents : le dernier plus long que le 10e.

Prothorax pas plus long que large, un peu plus étroit que les élytres à sa base, sensiblement rétréci antérieuremeut, prolongé et arrondi à son bord apical; subsinueux sur les côtés qui sont faiblement réfléchis; obliquement et assez fortement comprimé latéralement en avant jusqu'aux angles antérieurs qui sont aigus et fortement infléchis; tronqué au milieu de la base, avec celle-ci obliquement et flexueusement coupée sur ses côtés près des angles postérieurs qui sont très-obsolètes et comme nuls; élevé à la partie postérieure de son disque en un tubercule triangulaire, latéralement comprimé, prolongé en arrière jusque vers l'écusson en carène déclive, à surface supérieure plane et finement canaliculée; creusé de chaque côté vers la base de deux larges fossettes ou impressions plus ou moins profondes : une le long de la carène, l'autre vers les sinus de la base près des angles postérieurs, et séparée de la première par une gibbosité plus ou moins obsolète; densement et rugueusement ponctué ; opaque, obscur, avec le sommet plus ou moins ferrugineux; revêtu d'une pubescence grisâtre et soyeuse, un peu plus fournie dans les impressions.

Ecusson presque carré, opaque, obscur, densement pubescent.

Elytres allongées, subcylindriques, trois fois et demie plus longues que le prothorax, subparallèles sur les côtés, largement et obtusément arrondies au sommet; légèrement convexes sur le dos; obscures, opaques, avec les épaules souvent un peu ferrugineuses; marquées chacune de 10 stries ponctuées, peu profondes, un peu affaiblies en arrière, et du commencement d'une 11e vers l'écusson; avec les intervalles plans, finement et obsolètement granulés, revêtus d'une pubescence soyeuse, serrée, d'un gris jaunâtre. *Epaules* saillantes, légèrement arrondies.

Dessous du corps assez convexe, densement pubescent, soyeux, finement ponctué, peu brillant, obscur. avec le ventre d'un roux de poix plus ou moins ferrugineux. *Lame du prosternum* non carinulée en son milieu. *Ventre à* 1er *et* 2e *segments* subégaux, grands; le 1er à bord apical profondément bissinué et fortement prolongé en arrière sur son milieu. *Lame des hanches postérieures* étroite, à peine élargie au milieu.

Pieds peu allongés; finement pubescents, d'un ferrugineux plus ou moins clair. *Tarses* légèrement épaissis, à 1er article assez allongé.

PATRIE : Toute la France, dans les habitations. Lyon, Beaujolais, Bourbonnais, Bourgogne, Provence, etc.

OBS. Cette espèce varie pour la couleur qui est quelquefois entièrement ferrugineuse. Quant à la taille et au faciès, elle a plus d'affinité avec les suivantes qu'avec les précédentes.

II. *Excavation de la poitrine* plus ou moins profonde, non prolongée sur le *métasternum*.

B. *Lame du prosternum* échancrée au sommet.

b. *Lame des hanches postérieures* plus ou moins obtusément élargie sur son milieu.

* *Elytres* obtusément tronquées au sommet. *Corps* obscur, à pubescence fuligineuse.

† 3e *articles des antennes* plus grèle, mais au moins aussi long que le précédent

4. **Anobium fulvicorne.** STURM.

Elongatum, subcylindricum, opacum, brevissimè fuliginoso-pubescens, crebrè punctulatum, nigrum, antennis, tibiis tarsisque rufo-testaceis. Fronte media convexâ vel subgibbosâ. Pronoto anticè angustiore, disco in tuberculum trigonum elevato, medio tenuiter canaliculato, lateribus et posticè sinuato-truncato, versùs basin utrinquè biimpresso, angulis posticis obsoletis. Elytris elongatis, apice obtusè truncatis. levitèr convexis, striato-punctatis. Antennis sublongatis, articulis 2e et 3e subæqualibus. Tarsis subincrassatis, articulo 1° subelongato.

Anobium fulvicorne, STURM, Deutsch. Faun., t. 11, p. 114, 7. pl. 240, fig. c.

Variété : Elytres plus ou moins roussâtres.

Anobium rufipenne, DUFTSCHMIDT, Faun., Austr., t. 3, p. 56, 16.
— — REDTENBACHER, Faun. Austr., éd. 2e, p. 565.

Long. 0,004 à 0,005; larg. 0,0012 à 0,002.

♂. *Les* 3 *derniers articles des antennes* sensiblement plus longs, pris ensemble, que le reste de l'antenne: les 9e *et* 10e, pris ensemble, aussi longs que tous les précédents réunis : le *dernier* étroit, subparallèle sur ses côtés, obtusément acuminé au sommet. Le 5e *segment ventral* transversalement impressionné avant son extrémité.

♀. *Les* 3 *derniers articles des antennes* à peine plus longs, pris ensemble, que le reste de l'antenne : les 9e *et* 10e, pris ensemble, plus courts que tous les précédents réunis: le *dernier* très-légèrement arrondi à sa tranche interne, acuminé au sommet. Le 5e *segment ventral* non impressionné; muni avant son extrémité de 2 tubercules plus ou moins obsolètes, quelquefois reliés en arrière par une arête en forme de chevron.

Corps allongé, subcylindrique; d'un noir profond et opaque; revêtu d'une pubescence très-courte et fuligineuse.

Tête transversale, passablement infléchie et retirée dans le prothorax, plus étroite que celui-ci; densement et rugueusement pointillée; à peine pubescente; d'un noir opaque, avec les *parties de la bouche* ferrugineuses, et le sommet des *mandibules* rembruni. Les *palpes* testacés, à dernier article élargi. *Front* subgibbeux séparé du vertex par une dépression transversale. *Yeux* assez saillants, arrondis, noirs.

Antennes suballongées, dépassant sensiblement la base du prothorax ; finement pubescentes ; d'un roux testacé ; à 1er article oblong. arqué, assez fortement épaissi : les 2e et 3e subégaux : le 2e sensiblement renflé, un peu plus long que large : le 3e plus grêle, oblong, obconique : les 4e à 8e subtransversaux, graduellement un peu plus courts : les 3 derniers grands, allongés, légèrement comprimés, sensiblement plus épais que les précédents : le dernier plus long que le 10e.

Prothorax pas plus long que large, un peu plus étroit que les élytres, sensiblement rétréci sur avant; prolongé et arrondi à son bord apical, qui est faiblement sinué dans son milieu ; subsinueux sur les côtés qui sont faiblement réfléchis ; subcomprimé latéralement vers les angles antérieurs qui sont aigus et fortement infléchis ; sinueusement tronqué au milieu de la base, avec celle-ci obliquement et subflexueusement coupée sur ses côtés près des angles postérieurs qui sont très-obsolètes et comme nuls ; élevé à la partie postérieure de son disque en un tubercule triangulaire, latéralement comprimé, prolongé en arrière en carène courte et brusque, à surface supérieure étroite, un peu voutée, marquée sur son milieu d'une ligne enfoncée fine, quelquefois obsolète, souvent prolongée jusqu'au sinus du bord apical qu'elle semble déterminer ; creusé de chaque côté vers la base de deux larges fossettes ou impressions assez profondes : une le long de la carène : l'autre vers les sinus de la base près des angles postérieurs, et séparée de la première par une gibbosité plus ou moins obsolète; densement et rugueusement pointillé ; à peine pubescent ; d'un noir profond et opaque, avec le sommet quelquefois ferrugineux.

Ecusson presque carré, subarrondi aux angles postérieurs; à peine pubescent ; d'un noir obscur.

Elytres allongées, subcylindriques, trois fois et demie plus longues que le prothorax ; subparallèles sur les côtés, obtusément tronquées au sommet, légèrement convexes sur le dos ; d'un noir profond et opaque; marquées chacune de 10 stries ponctuées, peu profondes, et du commencement d'une 11e vers l'écusson ; avec les intervalles presque plans, finement et densement granulés, revêtus d'une pubescence très-courte, à peine apparente, obscure et comme fuligineuse. *Epaules* assez saillantes, arrondies.

Dessous du corps assez convexe ; finement pubescent ; finement et rugueusement pointillé, d'un noir de poix un peu brillant. *Lame du prosternum* non carinulée. *Ventre à 1er et 2e segments* grands, subégaux : le 1er presque droit ou faiblement bissinué à son bord apical. *Lame des hanches postérieures* légèrement dilatée sur son milieu.

Pieds peu allongés, finement pubescents, ferrugineux, avec les *cuisses* le plus souvent rembrunies. *Tarses* légèrement épaissis ; à 1er article assez allongé.

PATRIE : Lyon, Beaujolais, Bourgogne, Bresse, mont Pilat, etc. En battant les arbres.

OBS. Cette espèce diffère de l'*Anobium striatum*, OL., par sa couleur plus noire, par son métasternum non excavé à la base, par son prothorax plus étroitement et plus brusquement gibbeux sur son disque, à bord apical toujours sinué ou subentaillé dans son milieu, par ses antennes un peu moins longues.

Les élytres et les cuisses sont quelquefois entièrement ferrugineuses. *(Rufipenne*, Duft*)*.

†† 3e article des antennes sensiblement plus court que le 2e.

5. **Anobium nitidum,** HERBST.

Elongatum, subcylindricum, opacum, brevissimè fuliginoso-pubescens, crebrè punctulatum, nigrum, antennis pedibusque rufis, pronoti apice humeiisque fusco-ferrugineis, ventre picescente. Fronte mediâ subgibbosâ. Pronoto anticè angustiore, disco in tuberculum trigonum elevato, medio distinctiùs canaliculato, lateribus et posticè sinuato-truncato, versùs basin utrinquè fortiùs biimpresso, angulis posticis obsoletis. Elytris elongatis, ponè scutellum subdepressis, apice obtusè truncatis. Antennis subelongatis, articulo 3° secundo breviore. Tarsis subincrassatis, articulo 1° elongato.

Anobium nitidum, HERBST, Kæf., t. 5, p. 62, 9, tab. 47, f. 10, i.
— — STURM, Deutsch. Faun., t. 11, p. 112, 6, tab. 240, fig. B.

Long. 0,003 à 0,005 ; larg. 0,001 à 0,0018.

♂. *Les trois derniers articles des antennes* beaucoup plus longs, pris ensemble, que le reste de l'antenne ; les 9e *et* 10e, pris ensemble, un peu plus longs que tous les précédents réunis ; le *dernier* étroit, subparalèle sur ses côtés, obtusément acuminé au sommet.

♀. *Les* 3 *derniers articles des antennes* un peu plus longs, pris ensemble, que le reste de l'antenne ; les 9ᵉ *et* 10ᵉ, pris ensemble, égalant les 7 précédents réunis ; le *dernier* très-légèrement arrondi à sa tranche interne, acuminé au sommet.

Corps allongé, subcylindrique, d'un noir profond, opaque, avec le sommet du prothorax et les épaules d'un ferrugineux plus ou moins obscur, revêtu d'une pubescence très-courte et fuligineuse.

Tête transversale, passablement infléchie et retirée dans le prothorax, plus étroite que celui-ci ; densement et rugueusement pointillée, finement pubescente ; d'un noir opaque, avec les *parties de la bouche* ferrugineuses et le sommet des *mandibules* rembruni. *Front* subgibbeux sur son milieu et séparé du vertex par une dépression transversale. *Palpes* testacés, à dernier article étroit, très-obliquement tronqué, presque fusiforme. *Yeux* assez saillants, arrondis, noirs.

Antennes suballongées, dépassant sensiblement la base du prothorax, finement pubescentes, rougeâtres ; à 1ᵉʳ article oblong, arqué, légèrement épaissi ; le 2ᵉ assez allongé, faiblement renflé : le 3ᵉ obconique, plus grêle et notablement plus court que le précédent : les 4ᵉ à 8ᵉ substranversaux, graduellement un peu plus courts : les trois derniers grands, allongés, légèrement comprimés, sensiblement plus épais que les précédents : le dernier plus long que le 10ᵉ.

Prothorax pas plus long que large, un peu plus étroit que les élytres, sensiblement rétréci en avant, prolongé et arrondi à son bord apical ; subsinueux sur les côtés qui sont très-faiblement réfléchis ; subcomprimé latéralement vers les angles antérieurs qui sont aigus et fortement infléchis ; tronqué au milieu de la base, avec celle-ci obliquement et sinueusement coupée sur ses côtés près des angles postérieurs qui sont obsolètes et à peine sentis ; élevé à la partie postérieure de son disque en un tubercule triangulaire, latéralement comprimé, prolongé en arrière en carène courte et déclive, à surface supérieure assez étroite, presque plane, marquée d'une ligne enfoncée, assez profonde sur le tubercule même et prolongée antérieurement d'une manière obsolète jusqu'au bord apical qu'elle entaille quelquefois légèrement ; creusé de chaque côté, vers la base, de deux larges fossettes ou impressions assez profondes : une, le long de la carène, l'autre, vers les sinus de la base près des angles postérieurs, et séparée de la précédente par une gibbosité plus ou moins saillante ; densement et rugueusement pointillé ; à peine pubescent ; d'un noir profond, avec le sommet plus ou moins ferrugineux.

Ecusson légèrement transversal, rétréci et subarrondi en arrière, à peine pubescent, d'un noir obscur.

Elytres allongées, subcylindriques, trois fois et demi plus longues que le prothorax, subparallèles sur les côtés, obtusément tronquées au sommet ; légèrement convexes sur le dos et subdéprimées derrière l'écusson ; d'un noir opaque, avec les épaules plus ou moins ferrugineuses ; marquées chacune de 10 stries assez fortement ponctuées, peu profondes, et du commencement d'une 11ᵉ vers l'écusson : celle-ci souvent confuse et comme géminée ; avec les intervalles plans, densement, très-finement et très-légèrement granulés, revêtus d'une pubescence très-courte, à peine visible, obscure et comme fuligineuse. *Epaules* assez saillantes, arrondies.

Dessous du corps assez convexe, à peine pubescent, légèrement pointillé, d'un noir de poix assez brillant avec le ventre un peu roussâtre. *Lame du prosternum* non carinulée sur son milieu. *Ventre à 1ᵉʳ et 2ᵉ segments* grands, subégaux : le 1ᵉʳ légèrement bissinué à son bord apical. *Lame des hanches postérieures* faiblement dilatée dans son milieu.

Pieds peu allongés, finement pubescents, d'un roux ferrugineux. *Tarses* légèrement épaissis, à 1ᵉʳ article allongé.

PATRIE : Lyon, Beaujolais, Bourgogne.

OBS. Cette espèce est facile à confondre avec l'*Anobium fulvicorne*, STURM. Elle s'en distingue cependant par le 3ᵉ article des antennes proportionnellement beaucoup plus court, par le prothorax plus distinctement canaliculé, à base plus fortement sinuée à ses côtés, par les stries des élytres un peu peu plus fortement ponctuées, par les cuisses moins obscures, et par le dessous du corps plus brillant.

'' *Elytres* distinctement tronquées au sommet. *Corps* entièrement grisâtre par l'effet de la pubescence.

6. **Anobium fagi,** CHEVROLAT.

Valdè elongatum, subcylindricum, pube cinereâ, tomentosâ micante vestitum, crebrè punctulatum, nigro-brunneum, antennis pedibusque rufis, pronoti apice humerisque ferrugineis. Fronte mediâ subgibbosâ. Pronoto suboblongo, anticè angustiore, disco in tuberculum trigonum elevato, truncato, versùs basin utrinque biimpresso, angulis posticis obsoletis. Elytris elongatis, apice truncatis. Antennis subelongatis, articulis 2° et 3° subæqualibus. Tarsis subincrassatis, articulo 1° subelongato.

CHEVROLAT, in litteris.

Long. 0,004 à 0,006; larg. 0,0015 à 0,002.

♂. *Les* 3 *derniers articles des antennes* allongés, subrectilignes, à leur tranche interne, aussi longs, pris ensemble, que le reste de l'antenne ; les 9e et 10e égalant, pris ensemble, les 6 précédents réunis ; le dernier étroit, sublinéaire, subacuminé au sommet. 5e *segment ventral* légèrement impressionné en travers avant le sommet.

♀. *Les* 3 *derniers segments des antennes* arrondis à leur tranche interne, sensiblement plus courts, pris ensemble, que le reste de l'antenne : les 9e *et* 10e égalant, pris ensemble, les 6 précédents réunis : le *dernier* fusiforme, acuminé au sommet. 5e *segment ventral* égal.

Corps très-allongé, subcylindrique, entièrement grisâtre par l'effet d'une pubescence serrée, brillante tomenteuse.

Tête transversale, passablement infléchie et retirée dans le prothorax, beaucoup plus étroite que celui-ci, densement et rugueusement pointillée, pubescente, assez convexe, avec le front subgibbeux sur son milieu et séparé du vertex par une dépression transversale, d'un noir brunâtre avec les *parties de la bouche* ferrugineuses : le sommet des *mandibules* rembruni et les *palpes* testacés. *Yeux* assez grands, subarrondis, peu saillants, noirs.

Antennes suballongées, dépassant sensiblement la base du prothorax, finement pubescentes, rougeâtres ; à 1er article oblong, arqué, sensiblement épaissi : le 2e oblong, faiblement renflé : le 3e plus grêle, oblong, obconique, aussi long que le précédent : les 4e à 8e à peine transversaux, graduellement un peu plus courts : les 3 derniers grands, faiblement comprimés, sensiblement plus épais que les précédents : le dernier plus long que le 10e.

Prothorax paraissant un peu plus long que large ; un peu plus étroit que les élytres, sensiblement rétréci antérieurement, prolongé et arrondi à son bord apical qui est faiblement sinué dans son milieu ; faiblement subsinué sur les côtés qui ne sont point réfléchis ; comprimé latéralement vers les angles antérieurs qui sont aigus, un peu émoussés et assez fortement infléchis ; tronqué au milieu de sa base, avec celle-ci obliquement et sinueusement coupée sur ses côtés près des angles postérieurs qui sont obsolètes ; élevé à la partie postérieure de son disque en un tubercule triangulaire, fortement comprimé latéralement, prolongé en arrière en carène déclive jusque près de la base, à surface supérieure assez étroite, faiblement voûtée, marquée d'une fine ligne enfoncée, quelquefois obsolète, non prolongé jusqu'au bord apical ; creusé de chaque côté, vers la base, de deux larges fossettes ou impressions assez profondes : une, le long de la carène, l'autre, vers les sinus de la base près des angles postérieurs, et séparée de la précédente par une gibbosité plus ou moins affaiblie ; densement et rugueusement ponctué ; d'un noir brunâtre, avec le sommet d'un ferrugineux plus ou moins obscur ; densement revêtu d'une pubescence soyeuse qui le fait paraître entièrement grisâtre.

Ecusson presque carré, un peu rétréci et subarrondi postérieurement, entièremement couvert d'une pubescence grisâtre.

Elytres très-allongées, subcylindriques, quatre fois plus longues que le prothorax, subparallèles sur les côtés, distinctement tronquées au sommet où leur pourtour est sensiblement épaissi ; légèrement convexes sur le dos ; d'un brun noirâtre avec le calus huméral plus ou moins ferrugineux; densement revêtues d'une pubescence soyeuse qui les fait paraître entièrement d'un gris jaunâtre; marquées chacune de 10 stries ponctuées, peu profondes, et du commencement d'une 11e vers l'écusson, celle-ci quelquefois confuse et comme géminée; avec les intervalles plans, obsolètement chagrinés, ceux des côtés et le 3e à partir de la suture paraissant faiblement convexes. *Epaules* saillantes, arrondies.

Dessous du corps assez convexe, très-finement pubescent; finement pointillé, d'un noir de poix un peu brillant. *Lame du prosternum* non carinulée sur son milieu. *Ventre à 1er et 2e segments* grands, subégaux: le 1er sensiblement prolongé au milieu de son bord apical. *Lame des hanches postérieures* légèrement dilatée dans son milieu.

Pieds peu allongés, finement pubescents, d'un roux ferrugineux. *Tarses* légèrement épaissis, à 1er article suballongé.

PATRIE : Mont Pilat. Sur le hêtre.

OBS. Cette espèce se distingue de toutes les autres par son aspect cendré, dû à sa pubescence très-serrée. Les élytres sont quelquefois entièrement ferrugineuses sous le duvet qui les couvre.

bb. *Lame des hanches postérieures* distinctement angulées dans son milieu.

7. **Anobium emarginatum,** DUFTSCHMIDT.

Elongatum, subcylindricum, opacum, densiùs sericeo-pubescens, crebrè punctulatum, rufo-ferrugineum, antennis dilutioribus. Fronte levitèr convexâ. Pronoto posticè paulò angustiore, disco in tuberculum subquadratum, excavatum, modicè elevato, anticè obsoletè sulcato, lateribus et posticè sinuato-truncato, versùs basin, utrinquè latiùs impresso, angulis posticis excisis. Elytris elongatis, apice rotundatis. Antennis subelongatis, articulo 3° secundo paulò minore. Tarsis levitèr incrassatis, articulo 1° elongato.

Anobium emarginatum, DUFTSCHMIDT, Faun. Austr., t. 3, p. 54, 13.
— — STURM, Deutsch. Faun., t. 11, p. 119, tab. 241, fig. A a.

Long. 0,005; larg. 0,0015.

♂. *Les 3 derniers articles des antennes* sensiblement plus longs, pris ensemble, que le reste de l'antenne : les 9e et 10e, pris ensemble, aussi longs que les 7 précédents réunis : le *dernier* étroit, subacuminé au sommet. *Ventre* subdéprimé et légèrement excavé à son extrémité à partir de la base du 3e segment.

♀. *Les 3 derniers articles des antennes* beaucoup plus épais que dans le ♂, beaucoup plus courts, pris ensemble, que le reste de l'antenne : les 9e et 10e, pris ensemble, plus courts que les 6 précédents réunis : le *dernier* fusiforme, acuminé au sommet. *Ventre* subdéprimé à son extrémité à partir seulement de la base du 4e segment.

Corps allongé, subcylindrique, d'un roux ferrugineux, densement couvert d'une pubescence soyeuse et d'un gris jaunâtre.

Tête transversale, légèrement infléchie, sensiblement plus étroite que le prothorax, densement et rugueusement ponctuée, pubescente, opaque, d'un roux ferrugineux, avec les *mandibules* rembrunies à leur sommet, et les *palpes* testacés.

Antennes suballongées, dépassant sensiblement la base du prothorax, finement pubescentes, d'un rougeâtre assez clair ; à 1er article en massue arquée, sensiblement épaissie au sommet : le 2e suballongé, faiblement renflé : le 3e plus grêle, oblong, obconique, un peu plus court que le précédent : les 4e à 8e obconiques, mais non transversaux : les 3 derniers grands, sensiblement plus épais que les précédents : le dernier plus long que le 10e.

Prothorax pas plus long que large, sensiblement plus étroit que les élytres, un peu rétréci en arrière, arrondi et légèrement prolongé à son bord apical qui est très-faiblement subsinué dans son milieu ; sinueusement tronqué sur les côtés qui sont à peine réfléchis ; subcomprimé latéralement vers les angles antérieurs qui sont infléchis et légèrement arrondis ; tronqué au milieu de sa base, avec celle-ci très-obliquement et sinueusement coupée sur ses côtés vers les angles postérieurs, qui paraissent ainsi comme entaillés et échancrés ; élevé à la partie postérieure de son disque en un tubercule en forme de losange transversal, peu saillant, prolongé en arrière en carène courte, à surface supérieure plus ou moins excavée, à arête postérieure bissinuée; très-obsolètement sillonné en avant; creusé de chaque côté, vers la base, d'une large impression s'étendant depuis les côtés jusqu'à la carène dorsale; rugueusement ponctué; opaque, d'un roux ferrugineux, et revêtu d'une pubescence cendrée, assez serrée.

Ecusson presque carré, un peu rétréci postérieurement, pubescent, ferrugineux.

Elytres allongées, subcylindriques; près de 4 fois plus longues que le prothorax, arrondies au sommet; légèrement convexes sur le dos; opaques, d'un roux ferrugineux; densement revêtues d'une pubescence soyeuse, d'un cendré jaunâtre; marquées chacune de 10 stries ponctuées, peu profondes, et du commencement d'une 11e vers l'écusson; avec les intervalles très-légèrement convexes et finement chagrinés. *Epaules* assez saillantes, arrondies.

Dessous du corps assez convexe, finement pubescent, d'un roux ferrugineux plus ou moins obscur. *Poitrine* légèrement granulée. *Ventre* couvert d'une ponctuation très-fine, entremêlée de points un peu plus gros; à 2e et 3e *segments* grands, subégaux: les 4e et 1er courts: celui-ci légèrement sinué à son bord apical: le 5e assez fortement et rugueusement granulé à son sommet. *Lame des hanches postérieures* distinctement angulée dans son milieu.

Pieds peu allongés, finement pubescents, d'un roux ferrugineux. *Tarses* légèrement épaissis, à 1er article allongé.

Patrie: Les Alpes. Sur les sapins.

Obs. Cette espèce est remarquable par la forme du prothorax dont les angles postérieurs sont comme tronqués et échancrés, par son ventre déprimé à son extrémité, à 4e segment seul plus court que ses voisins, et par la lame des hanches postérieures sensiblement angulée dans son milieu.

BB. *Lame du prosternum* prolongée et rétrécie au sommet, ainsi que celle du *mésosternum*.

8. **Anobium rufipes**, GYLLENHAL.

Elongatum, subcylindricum, opacum, brevissimè pubescens, crebrè asperato-punctulatum, fusco-brunneum, antennis pedibusque dilutioribus. Fronte levitèr convexâ. Pronoto subtransverso, anticè angustiore, disco postico gibboso, lateribus sinuato, basi latiùs subsinuatìm rotundato, medio obsoletè canaliculato, basi utrinquè levitèr impresso, angulis posticis obsoletis. Elytris elongatis, parallelis, apice rotundatis. Antennis subelongatis, articulis 2° et 3° subæqualibus. Tarsis subelongatis; articulo 1° elongato.

Anobium rufipes, GYLLENHAL, t. 1, p. 289, 2. — STURM, Deutsch Faun., t. 11, p. 108, 4.
Anobium cinnamomeum, STURM, Deutsch Faun., t. 11, p. 115, tab. 240, f. D d.
Anobium castaneum, HERBST., Kæf, t. 5, p. 64, 11, tab. 47, fig. 11, 1, L.

Long. 0,007 ; larg. 0,0024.

Corps allongé, subcylindrique, subparallèle, d'un roux obscur, revêtu d'une pubescence très-courte, à peine visible.

Tête transversale, infléchie, passablement engagée dans le prothorax, sensiblement plus étroite que celui-ci ; finement granulée, très-finement pubescente, opaque, d'un roux obscur, avec le sommet des *mandibules* rembruni et les *palpes* testacés. *Front* légèrement convexe. *Yeux* assez saillants, subarrondis, noirs.

Antennes suballongées, dépassant sensiblement la base du prothorax, finement pubescentes, d'un roux testacé ; à 1er article en massue arquée, passablement épaissie : les 2e et 3e subégaux : le 2e un peu plus long que large, passablement renflé : le 3e plus étroit, oblong, obconique : les 4e à 8e fortement contigus et transversaux, graduellement un peu plus courts : les trois derniers grands, allongés, bien plus épais que les précédents, sensiblement comprimés, beaucoup plus longs, pris ensemble, que le reste de l'antenne (♂) : le dernier étroit, plus grand que le 10e, subacuminé au sommet.

Prothorax légèrement transversal, un peu plus étroit que les élytres, sensiblement rétréci en avant ; obtusément arrondi et légèrement prolongé à son bord apical qui est quelquefois faiblement subsinué dans son milieu ; subsinué sur les côtés qui sont légèrement réfléchis ; subcomprimé latéralement vers les angles antérieurs qui sont aigus et infléchis ; largement, obtusément et subsinueusement arrondi à la base, légèrement réfléchi à celle-ci, avec les angles postérieurs obsolètes ; élevé à la partie postérieure de son disque en une gibbosité triangulaire, mais obtuse, prolongée en arrière en carène obsolète, à surface supérieure voûtée, marquée d'une ligne enfoncée très-fine, plus ou moins obsolète, non prolongée jusqu'au bord apical, creusé de chaque côté de la base d'une légère impression transversale ; à peine pubescent, densement et finement granulé, opaque d'un roux ferrugineux obscur.

Ecusson oblong, arrondi et cilié au sommet, opaque, d'un roux ferrugineux obscur.

Elytres allongées, subcylindriques, 4 fois plus longues que le prothorax, parallèles sur les côtés, arrondies au sommet ; faiblement convexes sur le dos ; opaques, d'un ferrugineux obscur ; revêtues d'une très-courte pubescence grisâtre, à peine visible ; marquées chacune de 10 stries ponctuées, assez fortes, plus ou moins anastomosées à leur extrémité, et du commencement d'une 11e vers l'écusson ; avec les intervalles subconvexes et finement chagrinés. *Epaules* assez saillantes, largement arrondies.

Dessous du corps légèrement convexe, finement pubescent, très-finement, densement et légèrement ponctué, d'un roux ferrugineux. *Ventre à 1er et 2e segments* grands, subégaux : le 1er très-faiblement bissinué à son bord apical : le 5e obsolètement sillonné à sa base. *Lame des hanches postérieures* assez mais obtusément dilatée dans son milieu.

Pieds médiocrement allongés, finement pubescents, d'un roux ferrugineux assez clair. *Tarses* suballongés, peu épais, à 1er article passablement allongé : les 3e et 4e transversaux, obconiques.

PATRIE : Les parties orientales de la France. Les Alpes, la Bresse.

Obs. Cette espèce, qui ressemble un peu à l'*Oligomerus brunneus*, Oliv., diffère de toutes les précédentes par son prothorax moins fortement gibbeux, à bord postérieur plus régulier, par sa poitrine moins profondément excavée, et par ses tarses plus allongés et moins épais.

Quelques auteurs séparent, comme espèce distincte, l'*A. cinnamomeum*, Sturm, que nous ne regardons que comme variété de coloration.

III. *Excavation de la poitrine* plus ou moins affaiblie, non prolongée sur le *métasternum*.

C. *Lames du prosternum* et *du mésosternum* largement tronquées au sommet. *Prothorax* subtronqué à la base, fortement rétréci en arrière. *Tarses* courts et épais. (*Neobium*, Nob.)

9. **Anobium hirtum**, Illiger.

Oblongum, subparallelum, subopacum, griseo hirtum et villosum, rugoso-punctatum, fusco-brunneum, antennis dilutioribus. Fronte levitèr convexâ. Pronoto transverso, posticè multò angustiore, disco postico gibboso, lateribus fortiùs rotundato, basi subtruncato, medio obsoletè canaliculato, basi utrinquè transversìm impresso, angulis posticis obsoletis. Elytris subelongatis, dorso subdepressis, fortitèr striato-punctatis, apice rotundatis. Antennis breviusculis, articulo 3° secundo pauld minore. Tarsis incrassatis.

Anobium hirtum, Illiger, Mag. 6, p. 19.
Anobium villosum, Bon., Dej., Cat., éd. 3e 1837, p. 130.

Long. 0,006; larg. 0,0025.

♂. *Antennes* entièrement d'un roux testacé: leurs 3 *derniers articles* aussi longs, pris ensemble, que le reste de l'antenne: le *dernier* étroit, subacuminé au sommet.

♀. *Antennes* d'un roux testacé avec le 1er article et les 3 *derniers* rembrunis: ceux-ci plus courts, pris ensemble, que le reste de l'antenne: le *dernier* fusiforme, fortement acuminé au sommet.

Corps oblong, subparallèle, obscur, couvert d'une villosité grisâtre assez longue et hérissée sur les côtés.

Tête transversale, infléchie, beaucoup plus étroite que le prothorax, rugueusement ponctuée, velue, obscure, avec les *palpes* testacés. *Front* légèrement convexe. *Yeux* grands, arrondis, peu saillants, noirs.

Antennes assez courtes, dépassant un peu la base du prothorax ; ciliées, d'un roux testacé (♂) avec la base et l'extrémité rembrunies (♀) ; à 1er article épais, en massue arquée : le 2e oblong, légèrement renflé : le 3e plus étroit, oblong, obconique, un peu plus court que le précédent : les 4e à 8e transversaux, les 5e à 7e paraissant un peu moins courts que ceux entre lesquels ils sont placés ; les 3 derniers grands, allongés, plus épais que les précédents, faiblement comprimés : le dernier un peu plus grand que le 10e.

Prothorax assez fortement transversal, aussi large que les élytres à sa partie antérieure, à peine arrondi ou prolongé à son bord apical ; fortement arrondi sur les côtés qui sont sensiblemen réfléchis, et fortement rétréci en arrière ; faiblement comprimé latéralement près des angles antérieurs qui sont droits, un peu émoussés et infléchis ; tronqué ou très-faiblement bissinué à la base, avec les angles postérieurs obsolètes ; élevé à la partie postérieure de son disque en une gibbosité obtuse ; marqué sur son milieu d'une ligne enfoncée, quelquefois sulciforme sur la partie élevée, fine et obsolète sur le reste de sa surface, ordinairement prolongée jusqu'au bord apical ; creusé de chaque côté, vers la base, d'une impression transversale, située vers les angles postérieurs ; obscur, aspèrement ponctué, et recouvert d'une villosité grisâtre, assez longue, assez serrée et plus ou moins hérissée.

Ecusson transversal, subarrondi en arrière, obscur, densement pubescent.

Elytres oblongues, parallèles, un peu plus de trois fois plus longues que le prothorax, arrondies au sommet, subdéprimées sur le dos ; opaques ; d'un brun obscur ; couvertes d'une longue villosité grisâtre assez serrée et plus ou moins redressée sur les côtés ; marquées chacune de 10 stries assez profondes, fortement ponctuées, et du commencement d'une 11e vers l'écusson; avec les intervalles légèrement convexes, lisses, ornés chacun d'une série régulière de points élevés, très-petits. *Epaules* peu saillantes, arrondies.

Dessous du corps légèrement convexe, velu, obscur, densement et rugueusement ponctué. *Ventre à 2e et 3e segments* assez grands, subégaux : le 4e petit : le 1er court, faiblement sinué au milieu de son bord apical : le 5e obsolètement excavé au milieu de sa base. *Lame des hanches postérieures* obtusément angulée dans son milieu.

Pieds peu allongés, assez robustes, velus et hérissés; d'un brun obscur. *Tarses* courts et épais, à 5e article roussâtre.

PATRIE : Lyon. Dans les habitations.

OBS. L'*Anobium vestitum*, DEJEAN, (Cat., 3e édit. 1837, p. 129), offre sur les élytres deux larges bandes transversales de poils comme farineuses. Nous le regardons comme une variété fraîche de l'*Anobium hirtum*.

10. **Anobium tomentosum**, DEJEAN.

Oblongo-elongatum, subparallelum, subnitidum, griseo-hirtum et villosum, asperato-punctatum, lætè castaneum, antennis rufo-testaceis. Fronte levitèr convexâ. Pronoto transverso, posticè multò angustiore, disco postico gibboso, lateribus levitèr rotundato, basi subtruncato, medio non canaliculato, basi utrinquè transversim impresso, angulis posticis obtusis, distinctis. Elytris subelongatis, dorso subdepressis, modicè striato-punctatis, apice rotundatis. Antennis breviusculis, articulo 3° secundo paulò minore. Tarsis incrassatis.

Anobium tomentosum, DEJEAN, Cat., éd. 3e, 1837, p. 130.

Long. 0,0045; larg. 0,0018.

PATRIE : Lyon.

OBS. Cette espèce est pour nous très-douteuse et n'est peut-être qu'une variété de la précédente. Elle en diffère par une taille moindre, par une couleur plus claire, par son prothorax non canaliculé, moins fortement arrondi sur les côtés, à angles postérieurs un peu plus marqués, par les stries des élytres moins fortes et à intervalles moins convexes.

CC. *Lames du prosternum* et *du mésosternum* rétrécies en pointes mousses. *Prothorax* fortement élargi en arrière, à base postérieurement prolongée dans son milieu. *Tarses* assez grêles, à 1er article allongé (*Artobium*, Nob.).

11. **Anobium paniceum**, Linné.

Breviusculum, ovatum, subnitidum, cinereo-pubescens, subtilitèr punctulatum, ferrugineum, antennis pedibusque dilutioribus. Fronte vix convexâ. Pronoto fortitèr transverso, basi multò latiore, disco postico convexo vix gibboso, lateribus fortiùs rotundato, basi profundè bissinuato et medio producto, angulis posticis latiùs rotundatis. Elytris oblongis, levitèr convexis, apice rotundatis, levitèr et tenuitèr striato-punctatis. Antennis breviusculis, articulo 3o secundo multò minore. Tarsis subgracilibus.

Dermestes paniceus, Linné, Syst. Nat., t. 1, p. 564, 9.
Anobium paniceum, Fabricius, Syst. El., t. 1, p. 323 9.
— — Olivier, Ent., t. 2, no 16, p. 10, 8, pl. 2, fig. 9, a b.
— — Gyllenhal, Ins. suec., t. 1, p. 293, 5.
— — Sturm, Deutsch Faun., t. 11. p. 135, 18.

Long. 0,002 à 0,004; larg. 0,001 à 0,002.

♂. *Les 3 derniers articles des antennes* beaucoup plus longs, pris ensemble, que le reste de l'antenne : les 9e et 10e, pris ensemble, presque aussi long que tous les précédents réunis : le *dernier* étroit, subacuminé au sommet.

♀. *Les trois derniers articles* un peu plus longs, pris ensemble, que le reste de l'antenne : les 9e et 10e, pris ensemble, plus courts que tous les précédents réunis : le *dernier* fusiforme, acuminé au sommet.

Corps assez court, ovalaire, un peu brillant, d'un ferrugineux quelquefois assez clair, souvent plus ou moins obscur ; revêtu d'une pubescence cendrée, fine et assez longue.

Tête transversale, très-infléchie et passablement retirée dans le prothorax, beaucoup plus étroite que celui-ci ; rugueusement et obsolètement ponctuée, pubescente, assez brillante, d'un roux ferrugineux, avec l'extrême pointe des *mandibules* rembrunie et les *palpes* testacés. *Front* à peine convexe. *Yeux* assez petits, peu saillants, subarrondis, noirs.

Antennes assez courtes, dépassant un peu la base du prothorax ; finement pubescentes et intérieurement ciliées de quelques longs poils; d'un roux testacé plus ou moins clair ; à 1er article en massue oblongue, arquée, sensiblement épaissie : le 2e oblong, passablement renflé : le 3e petit, à peine plus long que large, beaucoup plus grêle et plus court que le précédent : les 4e à 8e menus, sensiblement transversaux : les 5e à 7e paraissant un peu plus grands que ceux entre lesquels ils sont placés : les trois derniers très-grands, beaucoup plus épais que les précédents, assez comprimés : le dernier à peine plus long que le 10e.

Prothorax fortement transversal, aussi large en arrière que les élytres, beaucoup plus étroit en avant, à peine arrondi ou prolongé à son bord apical, fortement arrondi sur les côtés qui sont à peine réfléchis mais faiblement explanés en arrière ; à peine comprimé latéralement près des angles antérieurs qui sont assez saillants mais fortement arrondis à leur sommet et légèrement infléchis ; profondément bissinué à la base qui est fortement prolongée en arrière en son milieu; convexe et faiblement gibbeux à la partie postérieure de son disque qui offre une ligne longitudinale lisse, subélevée, souvent obsolète; finement ponctué ; d'un roux ferrugineux un peu brillant ; et revêtu d'une pubescence cendrée, fine et assez longue.

Ecusson petit, subtransversal, subarrondi en arrière, pubescent, ferrugineux.

Elytres en ovale allongé, à peine trois fois plus longues que le prothorax, arrondies au sommet ; légèrement convexes sur le dos ; un peu brillantes, d'un roux ferrugineux; couvertes d'une pubescence cendrée, assez longue et assez fournie; marquées chacune de 10 stries ponctuées, fines et légères, un peu affaiblies en arrière, et du commencement d'une 11e vers l'écusson; avec les intervalles plans, très-finement chagrinés, offrant quelques rides transversales obsolètes et une série de petits points élevés à peine visibles. *Epaules* peu saillantes, arrondies.

Dessous du corps faiblement convexe, très-finement pubescent, densement, très-finement et très-légèrement ponctué; d'un roux ferrugineux plus ou moins clair. *Ventre à 1er et 2e segments* assez grands, subégaux : les 3e à 4e plus courts : le 1er faiblement bissinué à son bord apical. *Lame des hanches posterieures* subangulée dans son milieu.

Pieds peu allongés, assez grêles, finement pubescents, d'un roux ferrugineux assez clair. *Tarses* assez grêles, à 1er article allongé.

PATRIE : Toute la France. Dans les habitations, parmi les vieux grains, dans les farines et les vieilles pâtes.

OBS. Cette espèce varie beaucoup pour la taille et pour la couleur. Celle-ci passe du testacé-rougeâtre au brun obscur.

L'*Anobium minutum*, STURM (t. II. p. 137, tab. 242. fig. C.) ne nous paraît qu'une variété du *paniceum*.

Genre *Xestobium*, MOTSCHOULSKY.

(Bull. Mosc., 1845. 1° 35.)

(Ξεστος, de ξεω, râcler ; βιόω, je vis.)

CARACTÈRES. *Corps* allongé, subcylindrique.

Tête très-infléchie, assez fortement engagée dans le prothorax, assez brusquement au devant des yeux. *Front* très-large. *Palpes* à dernier article oblong, très-obliquement et obtusément tronqué au sommet. *Mandibules* robustes, saillantes, brusquement coudées presque à angle droit sur leurs côtés. *Labre* très-court, fortement transversal. *Yeux* de grosseur médiocre, subarrondis, assez saillants, entiers.

Antennes ordinairement assez courtes, légèrement épaissies vers l'extrémité; de 11 articles: le 1er ovalaire ou oblong, sensiblement épaissi: le 2e à peine ou légèrement renflé : les 4e à 8e obconiques, non ou à peine transversaux : les 3 derniers grands, suballongés, très-faiblement comprimés.

Prothorax transversal, de la largeur des élytres; à bord antérieur non prolongé en dessous en arête saillante; régulièrement arrondi sur les côtés qui sont munis d'une tranche saillante et explanée; non gibbeux sur son disque; bissinué à la base; faiblement prolongé sur la tête en forme de capuchon largement et obtusément arrondi.

Ecusson subsémicirculaire ou légèrement transversal.

Elytres allongées, subparallèles sur leurs côtés, fortement arrondies au sommet; non striées.

Poitrine non excavée, les *prosternum* et *mésosternum* presque élevés jusqu'au niveau des hanches. *Hanches antérieures* et *hanches intermédiaires* assez écartées, séparées entre elles par une lame assez large des *prosternum* et *mésosternum*. *Métasternum* postérieurement légèrement sillonné sur son milieu. *Lame des hanche postérieures* brusquement dilatée vers sa moitié interne.

Ventre de 5 segments apparents: les 1er et 2e un peu plus grands que les suivants: le 1er faiblement bissinué à son bord apical.

Pieds peu allongés, plus ou moins robustes. *Tarses* plus ou moins épais, plus courts que les tibias; à 1er article oblong: les 2e à 4e graduellement plus courts: le 4e plus ou moins bilobé : le dernier plus ou moins épaissi.

Obs. Ce genre se distingue nettement du genre *Anobium* par la poitrine non excavée, par le dessous du prothorax non gibbeux, par les élytres qui ne sont jamais striées, et par la forme de la lame des hanches postérieures qui est toujours brusquement dilatée à sa moitié interne.

Nous grouperons le genre *Xestobium* de la manière suivante :

Antennes	à 6e, 7e et 8e *articles* oblongs, obconiques. 4e *article des tarses* légèrement bilobé. *Prothorax* pas plus étroit en avant qu'en arrière. *Corps* non brillant, paré de taches formées de poils courts et couchés. *Elytres*	tout-à-fait opaques, scabreuses ou très-densement et rugueusement ponctuées. . *X. tessellatum*, FABR.
		un peu brillantes, finement et légèrement ponctuées. . *X. velutinum*, NOB.
	à 6e, 7e *et* 8e *articles* légèrement transversaux. 4e *article des tarses* profondément bilobé. *Prothorax* beaucoup plus étroit en avant qu'en arrière. *Dessous du corps* très-brillant, très-finement ponctué, hérissé de poils fins et redressés	*X. plumbeum*, ILL.

I. 6e, 7e *et* 8e *articles des antennes* oblongs, obconiques. 4e *article des tarses* légèrement bilobé. *Prothorax* pas plus étroit en avant qu'en arrière. *Dessus du corps* non brillant, paré de taches formées de poils courts et couchés.

A. *Elytres* tout-à-fait opaques, scabreuses ou très-densement et rugueusement ponctuées.

1. Xestobium tessellatum, FABRICIUS.

Elongatum, subcylindricum, opacum, creberrimè rugoso-punctatum, pube flavescente tessellatum, fusco-ferrugineum, antennis dilutioribus. Fronte depressâ. Pronoto brevi, fortitèr transverso, convexo, apice subreflexo, basi bissinuato, lateribus rotundato et latè marginato medio obsoletè sulcato, angulis posticis latè rotundatis. Elytris elongatis, subparallelis, basi obsoletè unicostatis, apice rotundatis. Antennis breviusculis, apice levitèr incrassatis, articulo 3o secundo paulò longiore. Tarsis incrassatis, articulo 1o oblongo.

Anobium tessellatum, FABRICIUS, Syst. El., t. 1, p. 321, 1.
— — OLIVIER, Ent., t. 2, no 16, p. 1, pl. 1, fig. 1.
— — GYLLENHAL, Ins. suec., t. 1, p. 295, 7.
— — STURM, Deut. Faun., t. 11, p. 102, 1.
Ptinus pulsator, SCHALLER, Act. Hall., t. 1, p. 249.

Long. 0,006 à 0,009 ; larg. 0,0022 à 0,032.

♂, ♀. *Les* 3 *derniers articles des antennes* paraissent un peu plus longs dans le ♂ que dans la ♀.

Corps allongé, épais, subcylindrique, opaque, scabreux, d'un ferrugineux très-obscur, paré çà et là de taches d'un fauve doré, composées de poils couchés.

Tête très-infléchie, retirée dans le prothorax, beaucoup plus étroite que celui-ci, pubescente, densement et granuleusement ponctuée; d'un ferrugineux obscur et opaque. *Front* large, déprimé. *Palpes* testacés. *Yeux* un peu saillants, arrondis, noirs.

Antennes courtes, dépassant à peine la base du prothorax; densement pubescentes; d'un ferrugineux assez clair; à 1er article oblong, assez fortement épaissi: le 2e faiblement renflé, a peine plus long que large: le 3e plus grêle, suballongé, un peu plus long que le précédent: les 4e à 8e oblongs, obconiques, graduellement un peu plus épais: les 3 derniers grands, faiblement comprimés, plus épais que les précédents: le dernier plus long que le 10e, très-obsolètement subacuminé au sommet.

Prothorax fortement transversal, aussi long que les élytres; à peine arrondi ou prolongé à son bord apical qui est faiblement relevé; assez fortement arrondi sur les côtés qui sont largement rebordés et réfléchis; latéralement comprimé et comme excavé près des angles antérieurs qui sont assez saillants, arrondis et légèrement infléchis; largement arrondi au milieu de la base, avec celle-ci sensiblement sinuée sur ses côtés au dessus du calus huméral, près des angles postérieurs, qui sont largement arrondis et relevés; régulièrement convexe et non gibbeux sur son disque; obsolètement sillonné sur son milieu, avec le sillon un peu plus visible en avant, où quelquefois il échancre un peu le bord apical; densement granulé, opaque; d'un ferrugineux très-obscur, souvent noirâtre; cilié sur les côtés de poils frisés, et paré çà et là sur le disque de taches irrégulières formées par des poils couchés et fauves.

Ecusson subtransversal, subsémicirculaire, obscur, densement revêtu d'une pubescence fauve.

Elytres allongées, subparallèles, arrondies au sommet, trois fois et demie plus longues que le prothorax; assez convexes sur le dos, opaques, d'un ferrugineux plus ou moins obscur, souvent brunâtre; couvertes d'une granulation fine, très-serrée et scabreuse; parées çà et là de taches irrégulières formées par des poils couchés, d'un fauve doré; offrant chacune au milieu de la base une côte obsolète et raccourcie, hérissée de poils, et souvent, sur le reste de leur surface, 2 ou 3 côtes nues, à peine visibles et seulement à un certain jour. *Epaules* très-peu saillantes, largement arrondies.

Dessous du corps faiblement convexe, finement pubescent, densement et rugueusement ponctué, d'un ferrugineux obscur et assez brillant, avec le ventre souvent un peu plus clair. 1er et 2e *segments ventraux* subégaux, un peu plus grands que les suivants : le 1er faiblement bissinué à son bord apical. *Lame des hanches postérieures* très-étroite en dehors, brusquement dilatée à sa moitié interne, et sinuée au bord apical de la dilatation.

Pieds robustes, finement pubescents, d'un ferrugineux, le plus souvent obscur, quelquefois assez clair. *Tarses* courts et épais, à 1er article un peu oblong.

PATRIE : Toute la France, dans le tan des vieux arbres, principalement des chênes, des saules, des peupliers.

AA. *Elytres* un peu brilantes, finement et légèrement ponctuées.

2. **Xestobium velutinum**, NOBIS.

Elongatum, subcylindricum, subnitidum, subtilitèr punctatum, pube cinereâ subtessellatum, piceo-brunneum, antennis dilutioribus. Fronte depressâ. Pronoto brevi, fortitèr transverso, levitèr convexo, basi bissinuato, lateribus modicè rotundato marginatoque, medio obsoletè sulcato, angulis posticis fortitèr rotundatis. Elytris elongatis, subparallelis, basi tomentoso-bimaculatis, apice rotundatis. Antennis breviusculis, apice vix incrassatis, articulo 3° secundo multò longiore. Tarsis incrassatis, articulo 1° oblongo.

Long. 0,006 ; larg. 0,0022.

Corps allongé, subcylindrique, un peu brillant, finement ponctué, d'un brun de poix, inégalement parsemé de taches formées de poils d'un cendré un peu jaunâtre, avec deux grandes taches de même nature à la base des élytres.

Tête infléchie, peu retirée dans le prothorax, beaucoup plus étroite que celui-ci, finement pubescente, subrugueusement ponctuée, d'un brun de poix un peu brillant. *Front* large, déprimé. *Palpes* testacés. *Yeux* assez saillants, arrondis, noirs.

Antennes assez courtes, dépassant un peu la base du prothorax, pubescentes; d'un roux ferrugineux avec la base un peu plus obscure; à 1er article un peu plus long que large, assez fortement épaissi : le 2e obconique, assez renflé : le 3e plus grèle, allongé, beaucoup plus long que le précédent : les 4e à 8e oblongs, obconiques; le 5e paraissant un peu plus long que ceux entre lesquels il se trouve placé : les 3 derniers grands, à peine comprimés, non ou à peine plus épais que les précédents : le dernier un peu plus long que le 10e, subacuminé au sommet.

Prothorax fortement transversal, aussi large que les élytres, subtronqué ou à peine arrondi ou prolongé à son bord apical; médiocrement arrondi sur les côtés qui sont assez largement rebordés et réfléchis; à peine comprimé latéralement vers les angles antérieurs qui sont presque droits, faiblement émoussés et légèrement infléchis; largement et obtusément arrondi au milieu de sa base, avec celle-ci sensiblement sinuée sur les côtés au-dessus du calus huméral près des angles postérieurs qui sont fortement arrondis et un peu relevés; régulièrement et légèrement convexe, non gibbeux sur son disque; obsolètement sillonné sur son milieu, avec le sillon assez distinct sur le dos, effacé au sommet et à la base; aspèrement ponctué, d'un brun de poix un peu brillant, et revêtu d'une pubescence irrégulière d'un cendré un peu jaunâtre, formant çà et là des taches peu distinctes.

Ecusson subtransversal, subarrondi au sommet, d'un brun de poix densement pubescent.

Elytres allongées, subparallèles, étroitement arrondies au sommet, près de fois plus longues que le prothorax; légèrement convexes sur le dos; d'un brun de poix un peu brillant; couvertes d'une ponctuation fine et légère, médiocrement serrée; revêtues d'une pubescence irrégulière d'un cendré jaunâtre, se condensant à la base en deux taches pâles, oblongues : l'une au milieu de la base, l'autre plus étroite, moins tranchée, sur le calus huméral même. *Epaules* peu saillantes, largement arrondies.

Dessous du corps très-faiblement convexe, pubescent, subrugueusement ponctué, d'un brun de poix assez brillant, avec l'extrémité du ventre plus ou moins ferrugineuse. 1er *et* 2e *segments ventraux* subégaux, un peu plus grands que les suivants : le 1er presque droit ou à peine bissinué à son bord apical. *Lame des hanches postérieures* très-étroite en dehors, brusquement dilatée dans sa moitié interne, mais non sinuée au bord apical de la dilatation.

Pieds assez robustes, pubescents, brunâtres. *Tarses* courts et assez épais, à 1er article obleng.

Patrie : La Grande Chartreuse, dans le sapin carié.

Obs. Cette espèce, avec le faciès du *X. tessellatum*, Fabr., s'en éloigne beaucoup par la ponctuation fine et légère de ses élytres, par ses antennes moins épaisses, par sa forme proportionnellement un peu plus étroite, et par le défaut de sinuosité au bord apical de la partie dilatée des hanches postérieures.

II. 6e, 7e *et* 8e *articles des antennes* légèrement transversaux. 4e *article des tarses* profondément bilobé. *Prothorax* plus étroit en avant qu'en arrière. *Dessus du corps* très-brillant, très-finement ponctué, hérissé de poils fins et redressés. (*Hyperisus*, Nob. Ὑπέρ, dessus ; ἴσος, égal, uni.)

3. **Xestobium plumbeum**, Illiger.

Elongatus, subcylindricus, nitidissimus, tenuitèr levitèrque punctatus, pube cinereâ hirsutus, metallico-niger, antennis rufis, tibiis, tarsisque fusco-ferrugineis. Fronte subdepressâ. Pronoto transverso, anticè angustiore, levitèr convexo, basi bissinuato, lateribus subrotundato et latiùs reflexo, dorso æquali, angulis posticis obtusis. Elytris elongatis, levitèr convexis, apice rotundatis et explanatis. Antennis breviusculis, articulis 2° *et* 3° *subæqualibus,* 6°, 7° *et* 8° *subtransversis. Tarsis subincrassatis, articulo* 1° *elongato.*

Anobium plumbeum, ILLIGER, Mag., t. 1, p. 87.
— — STURM, Deut. Faun., t. 11, p. 129, 15, tab. 242, fig. B.
Anobium politum, DUFTSCHMIDT, Faun., Austr., t. 3, p. 53, 11.

VARIÉTÉ A : *Elytres* entièrement ferrugineuses.

Anobium variabile. DEJ., Catal., éd. 3e, 1837, p. 130.

♂. *Prothorax* presque droit sur ses côtés, un peu plus étroit en avant qu'en arrière. 5e *segment ventral* simplement pubescent. 1er *article des antennes* rembruni.

♀. *Prothorax* sensiblement arrondi sur les côtés, beaucoup plus étroit en avant qu'en arrière. 5e *segment ventral* paré avant son sommet de 2 fascicules de poils fauves. 1er *article des antennes* concolore.

Corps allongé, subcylindrique, très-brillant, légèrement ponctué, hérissé de poils mous et cendrés.

Tête infléchie, passablement retirée dans le prothorax, beaucoup plus étroite que celui-ci, assez densement ponctuée, d'un noir métallique et brillant. *Front* large, subdéprimé ou très-légèrement convexe. *Palpes* testacés. *Yeux* un peu saillants, arrondis, noirs.

Antennes assez courtes, dépassant assez sensiblement la base du prothorax, finement pubescentes, d'un roux ferrugineux, avec le 1er article rembruni chez les ♂ : celui-ci oblong, arqué, assez épaissi : le 2e oblong, faiblement renflé : le 3e plus grêle, oblong, obconique, pas plus long que le précédent : les 4e à 8e graduellement un peu plus épais, faiblement en scie intérieurement ; les 4e et 5e oblongs : le 5e paraissant un peu plus long que le 4e : les 6e, 7e et 8e légèrement transversaux : les 3 derniers grands, faiblement comprimés, un peu plus épais que les précédents, non sensiblement plus allongés dans le ♂ que dans le ♀ : le dernier à peine plus long que le 10e, subacuminé au sommet.

Prothorax transversal, aussi large que les élytres; subtronqué ou à peine arrondi à son bord apical; largement rebordé et réfléchi sur les côtés; très-faiblement comprimé latéralement près des angles antérieurs qui sont arrondis et très-légèrement infléchis; largement et obtusément arrondi au milieu de la base, avec celle-ci sinuée sur ses côtés au dessus du calus huméral, près des angles postérieurs qui sont obtus, légèrement arrondis et assez fortement relevés; faiblement convexe et non gibbeux sur son disque; finement et légèrement ponctué; d'un noir métallique brillant, et hérissé de poils mous et grisâtres.

Ecussson subsémiciculaire, obscur, densement pubescent.

Elytres allongées, subparallèles, 3 fois et demie plus longues que le prothorax, légèrement convexes sur le dos, arrondies au sommet, subgibbeuses avant leur extrémité, avec le bord apical plus ou moins explané; d'un noir métallique très-brillant, avec le rebord apical souvent ferrugineux; couvertes d'une ponctuation fine, légère et pas trop serrée; entièrement hérissées de poils mous d'un cendré obscur. *Epaules* un peu saillantes, arrondies.

Dessous du corps faiblement convexe, finement pubescent, densement ponctué, d'un noir de poix un peu brillant, *Ventre à* 1er *et* 2e *segments* subégaux, un peu plus grands que les suivants: *le* 1er très-faiblement bissinué à son bord opical. *Lame des hanches postérieures* très-étroite en dehors, brusquement dilatée dans sa moitié interne, et non sinuée au bord apical de la dilation.

Pieds un peu robustes, pubescents, d'un noir de poix, avec les *tibias* et les *tarses* plus clairs, d'un ferrugineux plus ou moins obscur. *Tarses* légèrement épaissis, à 1er article allongé: le 4e profondément bilobé.

PATRIE: Les Alpes, mont Pilat, Bourbonnais, sur les sapins et sur les hêtres.

OBS. Cette espèce est, par son faciès, comme étrangère dans le genre et même dans la tribu, et simule assez bien certaines espèces du genre *Haplocnemus* de la tribu des *Dasytides*.

Genre *Liozoüm*. NOBIS.

(Λεῖος, lisse; ζῶον, animal.)

CARACTÈRES: *Corps* allongé, subparallèle.

Tête légèrement infléchie, ordinairement assez dégagée du prothorax, brusquement rétrécie au devant des yeux. *Front* large. *Palpes à dernier article* oblong, plus ou moins obliquement et obtusément tronqué au sommet. *Mandibules* assez saillantes, assez fortes, arcuément coudées sur les côtés. *Labre* court, fortement transversal. *Yeux* assez gros, globuleux, saillants, entiers.

Antennes plus ou moins allongées, ordinairement filiformes, quelquefois un peu épaissies à leur extrémité, de 11 articles : le 1er oblong, légèrement arqué, assez épaissi : le 2e légèrement renflé : les 4e à 8e de longueur variable : les 3 derniers grands, souvent très-allongés et linéaires, à peine ou faiblement comprimés.

Prothorax fortement transversal, ordinairement de la largeur des élytres ; subarrondi ou obtusément bissinué à la base ; a bord antérieur non prolongé en dessous en arête saillante ; muni sur les côtés d'un tranche plus ou moins explanée ; non gibbeux sur son disque ; obliquement tronqué ou à peine subarrondi à son bord apical.

Ecusson ordinairement subsémicirculaire.

Elytres allongées ou oblongues, fortement arrondies au sommet, non striées.

Poitrine non excavée ; les *mésosternum* et *prosternum* élevés presque jusqu'au niveau des hanches. *Hanches antérieures* contiguës à leur sommet, séparées entre elles à leur base par une lame du *prosternum* courte et brusquement rétrécie en pointe souvent aciculée. *Hanches intermédiaires* très-rapprochées, séparées entre elles par une lame du *mésosternum* très-étroite, subparallèle, souvent réduite à une tranche fine, quelquefois même presque aussi raccourcie que celle du *prosternum*. *Métasternum* postérieurement sillonné sur son milieu. *Lame des hanches postérieures* sublinéaires, très-étroite ou à peine dilatée dans son milieu.

Ventre à 6e *segment* plus ou moins apparent : le 2e un peu plus grand que les suivants : le 1er faiblement sillonné au milieu de son bord apical.

Pieds allongés et assez grêles. *Tarses* allongés, assez grêles, généralement presque aussi longs que les tibias : à 1er à 4e articles graduellement plus courts : le 1er allongé : le 2e allongé mais moins long que le 1er : le 3e oblong, obconique : le 4e plus ou moins profondément bilobé : le dernier assez grêle, plus ou moins allongé.

Obs. Ce genre se distingue des genres *Anobium* et *Xestobium* par ses hanches antérieures et intermédiaires rapprochées, par les lames des prosternum et mésosternum brusquement rétrécies en pointe, par les antennes ordinairement plus longues et plus grêles, par les tarses toujours plus allongés, plus grêles et jamais à articles transversaux, et enfin par le ventre dont le 6e segment est le plus souvent plus ou moins saillant et apparent.

Nous grouperons les diverses espèces du genre *Liozoüm* de la manière suivante :

Prothorax

- très-inégal en son disque, offrant avant la base un tubercule oblong et deux éminences obtuses : le tout disposé sur une même ligne transversale. Les 5e à 8e *articles des antennes*. . .
  - lâches, allongés, subégaux. *Prothorax* .
    - largement explané sur ses côtés. 8e *article des antennes* . . . . . .
      - beaucoup moins long que le suivant. *Côtés du Prothorax* assez fortement arrondis . . . . *L. reflexum*. Nob.
      - un peu moins long que le suivant. *Côtés du prothorax* à peine arrondis. . . . . . . *L. abietinum*. Gyl.
    - étroitement explané et à peine arrondi sur ses côtés. . . . . *L. pruinosum*. Nob.
  - lâches, peu allongés, oblongs, inégaux, le 5e évidemment, le 7e à peine plus grand que ceux entre lesquels ils sont placés. *Angles antérieurs du prothorax*
    - obtus, légèrement arrondis. 8e *article des antennes* oblong. . . . . . *L. angusticolle*. Ratz.
    - presque droits, à peine émoussés. 8e *article des antennes* court. . . . . *L. abietis*. Fabr.
- presque égal, sans ou avec un seul tubercule obsolète, situé au milieu avant la base. *Les 5e à 8e articles des antennes*.
  - lâches, allongés, subégaux. *Prothorax* . . . .
    - à angles postérieurs très-obtus, fortement arrondis ; sans sillon sur son disque . . . . *L. lucidum*. Nob.
    - à angles antérieurs un peu obtus, à peine arrondis ;
      - avec un petit sillon sur son disque . . . *L. sulcatulum*. Nob.
      - sans sillon sur son disque. . . . . *L. gigas*. Nob.
  - lâches, plus ou moins allongés ou oblongs, inégaux, les 5e et 7e évidemment plus grands que ceux entre lesquels ils sont placés. *Antennes* . . . .
    - à 6e et 8e articles allongés, subcylindriques . . . . *L. molle*. Lin.
    - à 5e et 8e articles oblongs, obconiques. *L. consimile*. Nob.
    - à 6e et 8e articles oblongs, obconiques. *Prothorax*. .
      - contigu aux élytres sur toute sa base. . *L. parens*. Nob.
      - détaché des élytres sur les côtés de sa base. . . . . *L. parvicolle*. Nob.
  - plus ou moins fortement contigus, courts et souvent transversaux. *Prothorax*.
    - à côtés assez largement explanés, à *angles antérieurs* obtus et légèrement arrondis . . . . . *L. pini*. Sturm.
    - à côtés faiblement explanés ; *à angles antérieurs*
      - presque droits, légèrement émoussés. *Les 3 derniers articles des antennes*. . . . .
        - linéaires, pas plus épais que les précédents. *L. longicorne*. Sturm.
        - plus épais que les précédents. *L. densicorne*. Nob.
      - fortement arrondis. *Les 3 derniers articles des antennes* plus épais que les précédents. *Prothorax*. .
        - non canaliculé. *Corps* d'un brun de poix . . . . . *L. fuscum*. Perr.
        - obsolètement canaliculé sur son milieu. *Corps* noir. . . . . . . *L. nigrinum*. Sturm.

I. *Prothorax* très-inégal sur son disque, offrant avant la base un tubercule oblong et deux éminences obtuses: le tout disposé sur une même ligne transversale.

A. *Les* 5e *à* 8e *articles des antennes* lâches, allongés, subégaux.

a. *Prothorax* largement explané sur ses côtés.

b. 8e *article des antennes* beaucoup moins long que le suivant. *Côtés du prothorax* assez fortement arrondis.

1. **Liozoüm reflexum**, Nobis.

Elongatum, subnitidum, subrugoso-punctatum, densiùs longiùsque flavo-pubescens, ruffo-testaceum, antennis pedibusque vix dilutioribus. Fronte levissimè convexâ. Pronoto fortitèr transverso, apice subtruncato, basi vix bissinuato et utrinquè impresso, lateribus fortiùs rotundato et latè explanato, subdepresso, inæquali, angulis anticis levitèr, posticis latè rotundatis. Scutello flavotomentoso. Elytris elongatis, subparallellis, levitèr convexis, apice fortiùs rotundatis. Antennis valdè elongatis, sublinearibus, articulo 3° *secundo paulò longiore. Tarsis elongatis, gracilibus.*

Long. 0,006 à 0,008 ; larg. 0,002 à 0,0027.

♂. *Antennes* presque aussi longues que le corps : *leurs* 3 *derniers articles* linéaires égalant, pris ensemble, le reste de l'antenne : *le* 9e aussi long que les 2 précédents réunis : le *dernier* rectiligne à sa tranche interne, obtusément acuminé au sommet. 5e *segment ventral* obtusément arrondi à son extrémité : *le* 6e profondément incisé au milieu de son bord apical.

♀. *Antennes* de la longueur de la moitié du corps : *leurs* 3 *derniers articles* sublinéaires, un peu plus épais que dans le ♂, sensiblement plus courts, pris ensemble, que le reste de l'antenne : *le* 9e moins long que les 2 précédents réunis : le *dernier* très-faiblement arrondi à sa tranche interne, subacuminé au sommet. 5e *segment ventral* légèrement prolongé en pointe mousse à son extrémité : *le* 6e légèrement sinué au milieu de son bord apical.

Corps allongé, assez brillant sur les élytres, d'un roux testacé, garni d'une pubescence blonde, longue et assez serrée.

Tête transversale, légèrement inclinée, assez ressortie du prothorax, presque une fois plus étroite que celui-ci ; pubescente, couverte d'une granulation serrée, légère, aplatie et ombiliquée, avec un espace longitudinal lisse, obsolète, souvent peu apparent ; d'un roux testacé assez brillant, avec les *palpes* un peu plus clairs et le sommet des *mandibules* rembruni. *Front* à peine ou très-légèrement convexe. *Yeux* grands, très-saillants, arrondis, brunâtres.

Antennes longues, linéaires (♂) ou sublinéaires (♀); finement pubescentes; d'un roux testacé assez clair; à 1er article en massue sensiblement épaissie : le 2e un peu plus long que large, faiblement renflé : le 3e plus grêle, oblong, obconique, un peu plus long que le précédent : le 4e suballongé, obconique, un peu plus long que le 3e : les 5e à 8e lâches, allongés, subégaux : les 3 derniers très-allongés, plus (♂) ou moins (♀) linéaires, faiblement comprimés : le dernier un peu plus long que le 10e.

Prothorax fortement transversal, une fois moins long que large, presque aussi larges que les élytres ; obliquement tronqué au sommet ; assez fortement arrondi sur les côtés qui sont largement réfléchis ou explanés, avec les angles antérieurs obtus et légèrement arrondis et les postérieurs obtus et largement arrondis ; à peine bissinué à la base, subtronqué et étroitement rebordé au milieu de celle-ci ; subdéprimé, très-inégal et ondulé sur son disque, offrant à son tiers postérieur un tubercule oblong, assez saillant, subcaréné, et deux éminences obtuses, plus ou moins affaiblies, le tout disposé sur une même ligne transversale ; creusé de chaque côté de la base d'une légère impression, située à l'endroit même des sinus qui sont à peine sentis ; densement et rugueusement ponctué ; d'un roux testacé peu brillant, et revêtu d'une longue pubescence, blonde, bien fournie, dirigée en arrière et plus ou moins divergente.

Ecusson petit, subsémicirculaire, obtus au sommet, densement revêtu d'une pubescence blonde.

Elytres allongées, 4 fois plus longues que le prothorax, subparallèles sur les côtés, fortement arrondies au sommet ; faiblement triimpressionnées à la base ; légèrement convexes sur le dos ; finement, légèrement et subrugueusement ponctuées ; d'un roux testacé assez brillan avec l'extrémité un peu plus claire; revêtues d'une pubescence blonde, assez longue et assez serrée.

Dessous du corps légèrement convexe, finement pubescent, finement et subrugueusement ponctué, d'un roux testacé assez brillant. *Lame du mésosternum* très-étroite, subparallèle. 1er *segment ventral* rarement subimpressionné sur son milieu, légèrement sinué au milieu de son bord apical: *le* 6e assez saillant. *Lame des hanches postérieures* réduites à un liseré très-étroit, à peine élargi dans son milieu.

Pieds allongés, finement pubescents, d'un roux testacé brillant. *Cuisses* sensiblement renflées. *Tarses* assez grêles, à 1er et 2e articles assez allongés : le 2e un peu moins long que le 1er : le 3e oblong : le 4e assez profondément bilobé.

Patrie : Hyères, sur le pin pignon. Janvier, février, mars.

Obs. Cette espèce ressemble, au premier abord, au *Liozoüm molle*, Lin.; mais elle est plus grande, proportionnellement plus étroite, plus parallèle ; elle a les antennes plus longues, le protorax moins convexe, beaucoup plus inégal et bien plus largement explané. Enfin sa longue pubescence suffit pour la distinguer de toutes ses congénères.

** 8e *article des antennes* un peu moins long que le suivant. *Côtés du Prothorax* à peine arrondis.

2. **Liozoüm abietinum**, Gyllenhal.

Elongatum, subnitidum, subtilitèr asperato-punctulatum, cinereo-pubescens, rufo-testaceum, antennis pedibusque paulò dilutioribus, pronoti disco infuscato. Fronte levitèr convexâ. Pronoto fortitèr transverso, apice obliquè truncato, basi levissimè bissinuato et utrinque impresso, lateribus vix rotundato et latiùs explanato, levitèr convexo, inæquali, angulis omnibus obtusis, levitèr rotundatis. Scutello cinereo-tomentoso. Elytris elongatis, levitèr convexis, apice rotundatis. Antennis valdè elongatis, sublinearibus, articulo 3° *secundo paulò longiore. Tarsis elongatis, gracilibus.*

Anobium abietinum, GYLLENHAL, Ins. suec., t. 1, p, 298, 10.
— — STURM, Deut. Faun., t. 11, p. 122, 19, tab. 241, fig. C.

Long. 0,003 à 0,004; larg. 0,001 à 0,0013.

♂. *Antennes* presque aussi longues que le corps: *leurs* 3 *derniers articles* très-allongés, linéaires, pas plus épais que les précédents; le *dernier* subrectiligne à sa tranche interne, obtusément acuminé au sommet. *Yeux* très-saillants. *Tête* (y compris ceux-ci) un peu plus large que le *prothorax*. Celui-ci à peine convexe, sensiblement plus étroit que les *élytres*. Celles-ci linéaires, de 4 à 5 fois plus longues que le protorax. *Dessous du corps* d'un brun de poix, avec le bord apical de chaque segment ventral testacé. 6e *segment du ventre* triangulairement incisé à son sommet.

♀. *Antennes* de la longueur de la moitié du corps, à articles intermédiaires et antérieurs beaucoup moins allongés que chez le ♂: *leurs* 3 *derniers articles* allongés mais non linéaires, un peu plus épais que les précédents: le *dernier* légèrement arrondi sur ses tranches, subfusiforme, subacuminé au sommet. *Yeux* médiocrement saillants. *Tête* (y compris ceux-ci) bien plus étroite que le *prothorax*. Celui-ci légèrement convexe, presque de la longuenr des *élytres*. Celles-ci allongées-oblongues, 3 fois et demie plus longues que le prothorax. *Dessous du corps* d'un ferrugineux obscur, assez uniforme. 6e *segment ventral* peu saillant, sinué à son sommet.

Corps allongé, assez brillant, d'un roux testacé, garni d'une pubescence cendrée, assez courte et peu serrée.

Tête transversale, légèrement inclinée, assez ressortie du prothorax, finement pubescente; couverte d'une granulation serrée, légère, aplatie et ombiliquée, avec un léger espace lisse au milieu; d'un roux testacé assez brillant, avec les *palpes* testacés et le sommet des *mandibules* rembruni. *Front* légèrement convexe. *Yeux* saillants, globuleux, noirs.

Antennes longues, sublinéaires, finement pubescentes, d'un roux testacé assez clair ; à 1er article en massue arquée, sensiblement épaissie ; le 2e à peine plus long que large, faiblement renflé : le 3e plus grêle, oblong, obconique, un peu plus long que le précédent : le 4e obconique, oblong, égal au 3e : les 5e à 8e lâches, plus (♂) ou moins (♀) allongés, subcylindriques (♂) ou obconiques (♀) : les 3 derniers allongés, plus (♂) ou moins (♀) linéaires, à peine comprimés : le dernier un peu plus long que le 10e.

Prothorax fortement transversal, presque une fois moins long que large, obliquement tronqué au sommet, à peine arrondi sur les côtés qui sont assez largement réfléchis ou explanés, avec tous les angles obtus et légèrement arrondis ; très-légèrement bissinué à la base, très-étroitement rebordé et subtronqué au milieu de celle-ci ; à peine (♂) ou légèrement (♀) convexe ; inégal sur son disque, offrant à son tiers postérieur un tubercule oblong, saillant, subcaréné, et deux éminences obtuses, obsolètes, le tout disposé sur une même ligne transversale ; creusé de chaque côté de la base d'une légère impression, située à l'endroit même des sinus qui sont à peine sentis ; légèrement et granuleusement ponctué ; finement pubescent ; d'un roux testacé assez brillant, avec tout le disque le plus souvent un peu obscurci.

Ecusson subcordiforme, un peu en pointe arrondie au sommet, densement revêtu d'une pubescence cendrée.

Elytres allongées, subparallèles sur les côtés, arrondies au sommet ; légèrement convexes sur le dos, finement pubescentes, très-légèrement et aspèrement ponctuées, d'un roux testacé assez brillant. *Epaules* peu saillantes, arrondies.

Dessous du corps légèrement convexe, légèrement pubescent, obsolètement et rugueusement ponctué, d'un roux ferrugineux brillant (♀), souvent rembruni (♂). *Lame du mésosternum* très-fine, tranchante. *Lame des hanches postérieures* réduite à un liseré très-étroit. 1er *segment du ventre* faiblement sinué au milieu de son bord apical : *le* 6e plus ou moins saillant.

Pieds allongés, finement pubescents, d'un roux testacé, transparent. *Cuisses* faiblement renflées. *Tarses* grêles à 1er et 2e articles allongés : le 2e moins long que le 1er : le 3e oblong, obconique : le 4e assez profondément bilobé.

PATRIE : Les parties montueuses de la France : Alpes, Grande-Chartreuse, montagnes du Lyonnais, etc., sur les sapins.

aa. *Prothorax* étroitement explané et à peine arrondi sur ses côtés.

3. **Liozoüm pruinosum,** NOBIS.

Elongatum, subtilissimè asperato-ponctulatum, tenuitèr pruinoso-sericeum, rufo-testaceum, elytris apice dilutioribus. Capite pronotoque subopacis, elytris subnitidis. Fronte levitèr convexâ. Pronoto transverso, apice obliquè truncato, basi levissimè bissinuato et utrinquè distinctiùs impresso, lateribus vix rotundato et brevitèr explanato, levitèr convexo, inæquali, angulis omnibus obtusis, rotundatis. Scutello incano-tomentoso. Elytris elongatis, levitèr convexis, apice rotundatis. Antennis subelongatis, sublinearibus, articulo 3° *secundo longiore. Tarsis elongatis, gracilibus.*

Long. 0,003 ; larg. 0,0012.

♂, ♀. *Les* 3 *derniers articles des antennes* et *les intermédiaires* seulement un peu plus allongés dans les ♂ que dans les ♀.

Tête légèrement transversale, inclinée, assez ressortie du prothorax, un peu plus étroite que celui-ci ; à peine pubescente, couverte d'une granulation serrée, très-légère, aplatie, obsolètement ombiliquée ; peu brillante, rougeâtre, avec les *palpes* testacés et le sommet des *mandibules* rembruni. *Front* légèrement convexe. *Yeux* saillants, globuleux, très-noirs.

Antennes suballongées, de la longueur de la moitié du corps, finement pubescentes, d'un roux testacé ; à 1er article en massue arquée, sensiblement épaissie : le 2e pas plus long que large, assez renflé : le 3e plus grêle, oblong, sensiblement plus long que le précédent : le 4e oblong, égal au 3e : les 5e à 8e allongés, subcylindriques, subégaux : les

3 derniers grands, sublinéaires, à peine comprimés, à peine plus épais que les précédents : le dernier à peine plus long que le 10ᵉ, subacuminé au sommet.

Prothorax transversal, d'un tiers moins long que large, un peu plus étroit que les élytres, obliquement tronqué au sommet, à peine arrondi sur les côtés qui sont étroitement réfléchis ou explanés, avec tous les angles obtus, les antérieurs légèrement, les postérieurs assez largement arrondis ; très-légèrement bissinué à la base, subtronqué et très-finement rebordé au milieu de celle-ci ; légèrement convexe, inégal sur son disque, offrant à son tiers postérieur un tubercule oblong, subcaréné, et deux principales éminences obtuses, le tout disposé sur une même ligne transversale ; creusé de chaque côté de la base ; au devant des légers sinus d'une impression longitudinale, oblongue, assez marquée ; légèrement et finement granulé ; d'un rouge de brique très-peu brillant ; revêtu d'un fine et courte pubescence blanchâtre, un peu plus épaisse sur les côtés.

Ecusson subsémicirculaire, un peu en pointe arrondie au sommet, densement revêtu d'une fine pubescence blanchâtre, qui tranche d'une manière sensible sur le fond des élytres.

Elytres allongées, 4 fois plus longues que le prothorax, subparallèles sur les côtés, arrondies au sommet ; légèrement convexes sur le dos, légèrement et aspèrement ponctuées ; d'un roux testacé assez brillant, avec l'extrémité plus claire ; revêtues d'une fine et courte pubescence blanchâtre et sssez serrée. *Epaules* peu saillantes, arrondies.

Dessous du corps légèrement convexe, finement pubescent, très-légèrement et subrugueusement ponctué, d'un roux testacé assez brillant. *Lame du mésostermum* fine, tranchante. *Lame des hanches postérieures* réduite à un liseré étroit. *Ventre à* 1ᵉʳ *segment* faiblement sinué au milieu de son bord apical : *le* 5ᵉ prolongé en ogive émoussé : *le* 6ᵉ à peine saillant, souvent caché, paraissant obtusément arrondi à son sommet.

Pieds assez allongés, finement pubescents, d'un roux testacé. *Cuisses* assez renflées. *Tarses* allongés, grêles ; à 1ᵉʳ et 2ᵉ articles allongés : le 2e sensiblement moins long que le 1er : le 3e obconique : le 4e profondément bilobé.

PATRIE : Montagnes du Lyonnais, collines des environs d'Hyères, sur les pins, au premier printemps.

OBS. Cette espèce est facile à confondre avec le *Liozoüm abietiuum* ♀. Elle s'en distingue néanmoins par plusieurs caractères constants. D'abord, les ♂ ne diffèrent guère des ♀ quant à la forme des antennes, de la tête, du prothorax et des élytres ; ensuite le prothorax est toujours moins brillant, d'une couleur moins obscure, et moins explané sur ses côtés ; enfin la pubescence est plus courte et plus blanche.

AA. *Les* 5e *à* 8e *articles des antennes*, lâches, peu allongés, oblongs, inégaux : *le* 5e évidemment, *le* 7e à peine plus grands que ceux entre lesquels ils sont placés.

b. *Angles antérieurs du prothorax* obtus, légèrement arrondis. 8e *article des antennes* oblong.

4. **Liozoüm angusticolle**, RATZEBURG.

Valdè elongatum, nitidulum, asperato-punctulatum, griseo-pubescens, nigro-piceum, elytris apice gradatìm dilutioribus, pronoti apice, genubus, tibiis tarsisque refuscentibus. Fronte levitèr convexâ. Pronoto fortitèr transverso, apice obliquè truncato, posticè paulò angustiore, basi levissimè bissinuato et utrinquè lèvitèr impresso, lateribus levitèr rotundato et latiùs explanato, levitèr convexo, inæquali, angulis omnibus obtusis, posticis fortiùs, anticis leviùs rotundatis. Scutello incano-tomentoso. Elytris elongatis, levitèr convexis, apice rotundatis. Antennis subelongatis, sublinearibus, articulo 3° *secundo multò longiore. Tarsis elongatis, subgracilibus.*

Anobium angusticolle, RATZEBURG, Forst. Ins., t. 1., p. 48, 5, tab. 2. p. 16.
— — REDTENBACHER, Faun. Austr., éd. 2e, p. 567, 20.

VARIÉTÉ a : *Dessus du corps* entièrement d'un roux testacé, ainsi que les antennes et les pieds.

♂. *Antennes* beaucoup plus longues que la moitié du corps : *leurs 3 derniers articles* sublinéaires, pas plus épais que les précédents, aussi longs, pris ensemble, que les 7 précédents réunis : le *dernier* obtus à son sommet. *Yeux* très-saillants. *Tête* (y compris ceux-ci) aussi large que le *prothorax*. Celui-ci un peu plus étroit que les *élytres*. Celles-ci très-allongées, linéaires.

♀. *Antennes* de la longueur de la moitié du corps : *leurs 3 derniers articles* très-légèrement arrondis à leur tranche interne, un peu plus épais que les précédents, à peine aussi longs, pris ensemble, que les 6 précédents réunis : le *dernier* subfusiforme, subacuminé au sommet. *Yeux* médiocrement saillants. *Tête* (y compris ceux-ci) sensiblement plus étroite que le *prothorax*. Celui-ci presque aussi large que les *élytres*. Celles-ci allongées, non linéaires.

Corps très-allongé, d'un noir de poix assez brillant, avec les élytres graduellement un peu plus claires vers leur extrémité ; revêtu d'une pubescence grisâtre, fine, assez longue, pas trop serrée.

Tête légèrement transversale, légèrement inclinée, assez ressortie du prothorax, légèrement pubescente, couverte d'une granulation fine, serrée, aplatie et obsolètement ombiliquée ; d'un noir de poix, assez brillant, avec les *parties de la bouche* roussâtres et *les palpes* un peu plus clairs. *Front* légèrement convexe. *Yeux* saillants, globuleux, noirs.

Antennes assez allongées, sublinéaires, finement pubescentes, brunâtres ; à 1er article oblong, assez épaissi : le 2e pas plus long que large, subglobuleux, un peu renflé : le 3e plus grêle, oblong, obconique, beaucoup plus long que le précédent : le 4e obconique, un peu plus épais mais un peu plus court que le 3e : le 5e suballongé, évidemment plus long que ceux entre lesquels il se trouve placé : les 6e, 7e et 8e assez lâches, oblongs : le 7e un peu plus long que ceux entre lesquels il se trouve : les 3 derniers grands, très-faiblement comprimés : le dernier à peine (♂) ou un peu (♀) plus long que le 10e.

Prothorax fortement transversal, presque une fois moins long que large, obliquement tronqué au sommet, légèrement arrondi sur les côtés qui sont largement réfléchis ou explanés, avec tous les angles obtus, les antérieurs légèrement et les postérieurs assez largement arrondis; à peine bissinué à la base, subtronqué et très-étroitement rebordé au milieu de celle-ci; à peine (♂), ou faiblement (♀) convexe; inégal sur son disque, offrant à son tiers postérieur un tubercule oblong, subcaréné, lisse, bien senti, et deux principales éminences obtuses, plus ou moins obsolètes, le tout disposé sur une même ligne transversale; creusé de chaque côté de la base au devant des légers sinus d'une impression plus ou moins affaiblie; légèrement et finement granulé; d'un noir de poix assez brillant, avec le sommet roussâtre et le rebord latéral souvent translucide; revêtu d'une fine pubescence grisâtre, assez longue et peu serrée.

Ecusson subsémicirculaire, densement revêtu d'une pubescence tomenteuse et d'un gris blanchâtre, tranchant sensiblement sur le fond des élytres.

Elytres sublinéaires (♂) ou allongées (♀), de 4 à 5 fois plus longues que le prothorax, subparallèles sur les côtés, arrondies au sommet; faiblement convexes sur le dos; légèrement et aspèrement ponctuées; d'un brun de poix assez brillant avec l'extrémité et souvent les côtés graduellement un peu plus clairs; revêtues d'une pubescence fine, grisâtre, assez longue et peu serrée. *Epaules* peu saillantes, largement arrondies.

Dessous du corps légèrement convexe, finement pubescent, obsolètement et subrugueusement ponctuée; d'un noir de poix très-brillant sur la poitrine, un peu moins sur le ventre; celui-ci quelquefois plus ou moins roussâtre chez les ♀. *Lame du mésosternum* fine, plus ou moins tranchante. *Lame des hanches postérieures* réduite à un liseré étroit. 1er *segment ventral* à peine sinué au milieu de son bord apical: le 5e plus ou moins arrondi à son extrémite, un peu plus prolongé chez la ♀ : le 6e plus (♂) ou moins (♀) saillant, obtusément arrondi au sommet.

Pieds allongés, finement pubescents, d'un roux de poix avec les cuisses rembrunies, les genoux, l'extrémité des tibias et les tarses plus clairs. *Cuisses* légèrement renflées. *Tarses* grêles, à 1er et 2e articles allongés : le 2e moins long que le 1er : le 3e obconique : le 4e profondément bilobé.

PATRIE : Montagnes du Lyonnais et de la Provence, sur les pins.

OBS. Cette espèce diffère du *Liozoüm abietinum*, GYL., par sa couleur plus obscure et par les articles intermédiaires des antennes beaucoup moins allongés.

Tout le dessus du corps, le ventre, les antennes et les pieds sont quelquefois entièrement d'un roux plus ou moins testacé.

bb. *Angles antérieurs du prothorax* presque droits, à peine émoussés. 8e *article des antennes* court.

5. **Liozoüm abietis**, FABRICIUS.

Oblongum, subnitidum, asperato-punctulatum, tenuitèr griseo-pubescens, infrà nigro-piceum, suprà rufo-testaceum, capite, pronoti disco et antennarum apice infuscatis. Fronte levitèr convexâ. Pronoto fortitèr transverso, apice obliquè truncato, basi levissimè bissinuato et utrinquè levitèr impresso, lateribus vix rotundato et latè explanato, levitèr convexo, inæquali, angulis posticis rotundatis, anticis subrectis. Scutello incano-tomentoso. Elytris oblongo-elongatis, levitèr convexis, apice rotundatis. Antennis subelongatis, apice subincrassatis, articulo 3° secundo subæquali. Tarsis subelongatis, apice sensim crassioribus.

Anobium abietis, FABRICIUS, Syst. El., t. 1, p. 323, 10.
— — GYLLENHAL, Inst. suec., t. 1, p. 297, 9.
— — STURM, Deut. Faun., t. 11, p. 133, 17.

Long. 0,0035 ; larg. 0,0015.

♂. *Les 3 derniers articles des antennes* presque aussi longs, pris ensemble, que le reste de l'antenne : le *dernier* sublinéaire. 6e *segment ventral* peu saillant, assez profondément entaillé au milieu de son bord apical.

♀. *Les 3 derniers articles des antennes* sensiblement plus courts, pris ensemble, que le reste de l'antenne : le *dernier* graduellement rétréci vers sa base. 6e *segment ventral* à peine visible, subsinué au milieu de son bord apical.

Corps oblong, en dessus d'un roux testacé un peu brillant, avec le prothorax ordinairement rembruni ; revêtu d'une fine pubescence grisâtre.

Tête transversale, inclinée, un peu ressortie du prothorax, beaucoup plus étroite que celui-ci, pubescente, couverte d'une granulation bien distincte, aplatie ombiliquée ; d'un noir de poix un peu brillant, avec les *parties de la bouche* ferrugineuses. *Palpes* testacés. *Front* légérement convexe. *Yeux* assez saillants, subarrondis, noirs.

Antennes médiocrement allongées, de la longueur de la moitié du corps, finement pubescentes, ferrugineuses avec les 3 ou 4 derniers articles plus ou moins rembrunis : à 1er article en massue oblongue et arquée, un peu épaissie : le 2e oblong, faiblement renflé : le 3e plus grêle, oblong, ne paraissant pas plus long que le précédent : le 4e oblong, obconique, plus court que le 3e : les 5e à 8e assez lâches, graduellement un peu plus épais : le 5e oblong, obconique, beaucoup plus grand que le précédent et que le suivant : les 6e et 7e un peu plus longs que larges : le 7e à peine plus long que le 6e : le 8e court, presque transversal : les 3 derniers grands, faiblement comprimés, un peu plus épais que les précédents : le dernier un peu plus grand que le 10e, obtus à son sommet.

Prothorax fortement transversal, presque un fois moins long que large, presque aussi large que les élytres, obliquement tronqué au sommet et quelquefois subsinué au milieu de son bord apical ; à peine ou très-légèrement arrondi sur les côtés qui sont largement réfléchis ou explanés, avec les angles antérieurs presque droits, à peine émoussés, assez infléchis, et les postérieurs assez fortement arrondis et relevés ; très-legèrement bissinué à la base, tronqué et très-finement rebordé au milieu de celle-ci ; légèrement convexe, inégal sur son disque, offrant à son tiers postérieur un tubercule oblong, lisse, bien visible, et de chaque côté une protubérance obsolète, le tout disposé sur une même ligne transversale; creusé de chaque côté de la base au devant des légers sinus d'une impression assez large plus ou moins affaiblie; légèrement et finement granulé; d'un ferrugineux plus ou moins obscur et peu brillant, avec le sommet toujours plus clair; revêtu d'une pubescence grisâtre, fine, assez longue et assez serrée sur les côtés surtout.

Ecusson subarrondi; densement revêtu d'une pubescence tomenteuse d'un gris blanchâtre, tranchant sensiblement sur le fond des élytres.

Elytres allongées, 4 fois plus longues que le prothorax, subparallèles sur les côtés; arrondies au sommet; légèrement et aspèrement ponctuées; d'un roux testacé un peu brillant avec l'extrémité un peu plus claire; revêtues d'une pubescence fine et grisâtre, un peu moins longue et moins serrée que celle du prothorax. *Epaules* peu saillantes, arrondies.

Dessous du corps légèrement convexe, finement pubescent, finement et rugueusement ponctué; d'un noir de poix assez brillant avec le bord apical de chaque segment ventral et l'anus roussâtres. *Lame du mésosternum* très-étroite mais non tranchante. *Lame des hanches postérieures* réduite à un liseré étroit. 1er *segment ventral* faiblement sinué au milieu de son bord apical: le 5e largement arrondi au sommet: le 6e plus ou moins saillant.

Pieds allongés, finement pubescents, d'un roux testacé. *Cuisses* faiblement épaissies. *Tarses* assez allongés, graduellement et sensiblement épaissis de la base à l'extrémité, à 1er article allongé: le 2e oblong, obconique: le 3e triangulaire: le 4e profondément bilobé.

PATRIE : Les Alpes, la Grande-Chartreuse, sur le sapin.

OBS. Dans cette espèce le prothorax est ordinairement rembruni, mais il est quelquefois de la même couleur que les élytres.

II. *Prothorax* égal ou presque égal, sans ou avec un seul tubercule obsolète situé au milieu avant la base.

B. *Les 5e à 6e articles des antennes* lâches, allongés, subégaux.

c. *Prothorax* à angles antérieurs très-obtus, fortement arrondis; sans sillons sur son disque.

6. **Liozoüm lucidum**, Nobis.

Elongatum, subcylindricum, nitidissimum, levitèr asperato-punctulatum, griseo-pubescens, laetè rufo-testaceum, elytris apice dilutioribus, oculis solis nigris. Fronte subdepressâ. Pronoto transverso, apice obliquè truncato, basi levitèr bissinuato et utrinquè subimpresso, lateribus levitèr rotundato et brevitèr explanato, fortitèr convexo, æquali, angulis omnibus obtusis, fortiter rotundatis. Elytris elongatis, subparallelis, modicè convexis. apice obtusè rotundatis. Antennis elongatis, linearibus, articulo 3° secundò multò longiore. Tarsis subelongatis, gracilibus.

Long. 0,006; larg. 0,022.

Corps allongé, subcylindrique, très-brillant, d'un roux testacé clair; revêtu d'une pubescence grisâtre, assez longue et peu serrée.

Tête transversale, inclinée, peu ressortie du prothorax, beaucoup plus étroite que celui-ci, finement pubescente, couverte d'une granulation fine, aplatie, ombiliquée, avec un espace lisse au milieu; d'un roux testacé brillant, avec les *palpes* un peu plus clairs, et le sommet des *mandibules* rembruni. *Front* subdéprimé. *Yeux* gros, saillants, arrondis, noirs.

Antennes allongées, grêles, un peu plus longues que la moitié du corps, finement pubescentes, entièrement d'un roux testacé; à 1er article oblong, arqué, sensiblement épaissi: le 2e court, un peu renflé: le 3e plus grêle, oblong, beaucoup plus long que le précédent: le 4e suballongé, obconique, plus long que le 3e: les 5e à 8e lâches, allongés, subégaux: les 3 derniers grands, linéaires, subégaux: le 9e aussi long que les 2 précédents réunis: le dernier un peu plus long que le 10e, subacuminé au sommet (♀).

Prothorax transversal, d'un tiers moins long que large, de la largeur des élytres; obliquement tronqué au sommet; légèrement arrondi sur les côtés qui sont assez étroitement réfléchis ou explanés, avec les angles antérieurs obtus, fortement arrondis et infléchis, et les postérieurs obtus, largement arrondis et relevés; légèrement bissinué à la base, obtusément arrondi et très-finement rebordé au milieu de celle-ci; très-convexe, tout-à-fait égal sur son disque; creusé de chaque côté de la base d'une faible impression arrondie, assez large, située au devant des sinus; finement granulé; d'un rouge testacé luisant, et revêtu d'une pubescence grisâtre, assez longue et peu serrée.

Ecusson subsémicirculaire, pubescent, d'un roux testacé.

Elytres allongées, subcylindriques, 4 fois plus longues que le prothorax, subparallèles sur les côtés, obtusément et subsinueusement arrondies au sommet; assez convexes sur le dos; très-légèrement et aspèrement ponctuées; d'un rouge testacé clair et luisant, avec l'extrémité un peu plus pâle; revêtues d'une fine pubescence, grisâtre et peu serrée. *Epaules* très-peu saillantes, largement arrondies.

Dessous du corps légèrement convexe, finement et assez densement pubescent, très-finement et rugueusement ponctué, d'un rouge testacé assez brillant. *Lame du mésosternum* très-étroite, mais non tranchante. *Lame des hanches postérieures* réduite à un liseré très-étroit. 1er *segment ventral* légèrement sinué au milieu de son bord apical: le 5e subsinueusement tronqué au sommet: le 6e apparent, obtusément arrondi à son extrémité (♀).

Pieds allongés, finement pubescents, d'un roux testacé assez clair. *Cuisses* assez renflées. *Tarses* assez allongés: le 2e beaucoup moins long que le 1er: le 3e oblong: le 4e assez profondément bilobé.

Patrie: Hyères. Juin, sur les pins.

Obs. Cette espèce s'éloigne de toutes les autres par ses antennes grêles et par sa couleur très-brillante.

cc. *Prothorax à angles antérieurs* légèrement obtus ou presque droits, à peine arrondis.

† Avec un petit sillon en arrière sur son disque.

7. **Liozoüm sulcatulum**, Nobis.

Valdè elongatum, subcylindricum, subnitidum, asperato-ponctulatum, flavo-pubescens, rufo-ferrugineum, elytris apice paulo dilutioribus. Fronte levitèr convexâ. Pronoto transverso, apice obliquè truncato, basi obsoletè bissinuato et utrinquè impresso, lateribus levitèr rotundato et brevitèr explanato, modicè convexo, æquali, medio posticè sulcato, angulis anticis vix, posticis latiùs rotundatis. Elytris elongatis, subparallelis, modicè convexis, apice rotundatis. Antennis elongatis, apice subincrassatis, articulo 3º secundo multò longiore. Tarsis elongatis, subgracilibus.

Long. 0,005 ; larg. 0,0015.

Corps très-allongé, subcylindrique, un peu brillant, d'un roux ferrugineux; revêtu d'une pubescence blonde, assez longue et assez serrée.

Tête légèrement transversale, infléchie, peu ressortie du prothorax, sensiblement plus étroite que celui-ci; légèrement pubescente; couverte d'une granulation fine et assez serrée, avec un espace longitudiual lisse, étroit et peu apparent; d'un roux ferrugineux assez brillant. *Yeux* assez saillants, arrondis, brunâtres.

Antennes allongées, de la longueur de la moitié du corps, finement pubescentes, entièrement d'un roux testacé ; à 1er article oblong, assez fortement épaissi ; le 2e court, faiblement renflé : le 3e plus grêle, oblong, beaucoup plus long que le précédent : le 4e oblong, un peu plus court que le 3e : les 5e à 8e assez allongés, subégaux : les trois derniers grands, très-allongés, un peu plus épais que les précédents, légèrement et graduellement rétrécis à leur base, subégaux, à peine comprimés, le dernier subacuminé au sommet (♀).

Prothorax transversal, presque une fois moins long que large, de la largeur des élytres, obliquement tronqué au sommet ; légèrement arrondi sur les côtés qui sont étroitement réfléchis ou explanés, avec les angles antérieurs légèrement obtus, à peine arrondis et un peu infléchis, et les postérieurs obtus, relevés et largement arrondis ; à peine sinué sur les côtés de la base, subtronqué et très-finement rebordé au milieu de celle-ci ; assez convexe, égal sur son disque, offrant sur son milieu, à son tiers postérieur, un petit sillon canaliculé, bien marqué ; creusé de chaque côté de la base au devant des légers sinus d'une impression assez large, arrondie et peu profonde ; densement et assez finement granulé ; d'un roux ferrugineux peu brillant ; et revêtu d'une pubescence blonde, assez longue et assez serrée.

Ecusson un peu oblong, pubescent, ferrugineux, finement échancré.

Elytres très-allongées, près de cinq fois plus longues que le prothorax, subparallèles sur les côtés, fortement arrondies au sommet ; assez convexes sur le dos ; légèrement et aspèrement ponctuées ; d'un roux ferrugineux assez brillant et un peu plus clair vers l'extrémité ; revêtues d'une pubescence fine, blonde, un peu moins longue et un peu moins serrée que celle du prothorax. *Epaules* peu saillantes, arrondies.

Dessous du corps légèrement convexe, pubescent, densement et rugueusement ponctué, d'un roux ferrugineux un peu obscur et peu brillant.

Lame des hanches postérieures étroite. 5e *segment ventral* largement arrondi au sommet : le 6e assez saillant.

Pieds allongés, finement pubescents, d'un roux testacé. *Cuisses* faiblement renflées. *Tarses* allongés, assez grêles, à 1er et 2e articles allongés : le 2e moins long que le 1er : le 3e oblong : le 4e assez profondément bilobé.

PATRIE ; Provence (collection Godard).

OBS. Cette espèce se distingue de toute autre par sa forme très-allongée et par le petit sillon du prothorax.

†† *Prothorax* sans sillon sur son disque.

8. **Liozoüm gigas**, Nobis.

Valdè elongatum, subnitidum, crebriùs asperato-punctatum, fulvo-pubescens, rufo-ferrugineum, elytrorum apice antennisque paulò dilutioribus. Fronte levitèr convexâ. Pronoto fortitèr transverso, apice obliquè truncato, basi levitèr bissinuato et utrinquè subimpresso, lateribus modicè rotundato et explanato, convexiusculo, æquali, angulis anticis subrectis, posticis obtusis, latè rotundatis. Elytris elongatis, parallelis, levitèr convexis, apice rotundatis. Antennis subelongatis, apice subincrassatis, articulo 3° secundo longiore. Tarsis elongatis, subgracilibus.

Long. 0,008; larg. 0,0028.

Corps très-allongé, subparallèle, peu convexe, un peu brillant, d'un ferrugineux assez obscur, revêtu d'une pubescence fauve, assez longue et assez serrée.

Tête un peu oblongue, inclinée, assez ressortie du prothorax, près d'une moitié plus étroite que celui-ci ; pubescente ; couverte d'une granulation fine, assez serrée, aplatie, ombiliquée ; d'un roux ferrugineux un peu brillant, avec les *palpes* plus clairs et le sommet des *mandibules* rembruni. *Front* légèrement convexe. *Yeux* gros, assez saillants, arrondis, noirs.

Antennes suballongées, un peu plus épaisses à leur extrémité, égalant la moitié de la longueur du corps, finement pubescentes, entièrement d'un roux ferrugineux ; à 1er article oblong, assez épaissi : le 2e court, un peu renflé : le 3e plus grêle, oblong, sensiblement plus long que le précédent : le 4e oblong, à peine moins long que le 3e : les 5e à 8e allongés, subégaux, subcylindriques ; les trois derniers très-grands, un peu plus épais que les précédents, subégaux, faiblement comprimés, graduellement rétrécis vers leur base (♀) : le dernier subacuminé au sommet.

Prothorax fortement transversal, presque une fois moins long que large, de la largeur des élytres, obliquement tronqué au sommet, un peu relevé à celui-ci ; assez sensiblement arrondi sur les côtés qui sont médiocrement réfléchis ou explanés, avec les angles antérieurs presque droits, à peine émoussés, infléchis, et les postérieurs très-obtus, très-largement arrondis et un peu relevés ; très-finement rebordé et obtusément tronqué au milieu de la base et légèrement sinué sur les côtés de celle-ci ; assez convexe, égal sur son disque ; creusé de chaque côté de la base, au devant des légers sinus, d'une impression assez large et peu profonde ; couverte d'une granulation serrée, aplatie et ombiliquée ; d'un roux ferrugineux assez obscur et peu brillant ; et revêtu d'une pubescence fauve, assez longue et assez serrée.

Ecusson un peu oblong, subarrondi au sommet, finement chagriné, légèrement pubescent, d'un roux ferrugineux assez obscur.

Elytres allongées, 5 fois plus longues que le prothorax, parallèles sur les côtés, arrondies au sommet ; faiblement convexes sur le dos ; densement et aspèrement ponctuées ; d'un roux ferrugineux assez brillant, avec l'extrémité à peine plus claire ; revêtues d'une pubescence fauve, assez longue et assez serrée. *Epaules* assez saillantes, arrondies.

Dessous du corps légèrement convexe, finement et assez densement pubescent, d'un roux ferrugineux un peu brillant. *Lame des hanches postérieures* étroite. 5e *segment ventral* obtusément arrondi au sommet : le 6e légèrement sinué au milieu de son bord apical.

Pieds allongés, finement pubescents, d'un roux ferrugineux. *Cuisses* faiblement renflées. *Tarses* allongés, assez grèles, à 1er et 2e articles allongés : la 2e un peu moins long que le 1er : le 3e oblong : le 4e asssez profondément bilobé.

PATRIE : La Provence (Collection Godart).

OBS. Cette espèce est plus grande et moins convexe que le *Liozoüm molle*, LIN., dont elle diffère encore par les angles antérieurs du prothorax qui sont beaucoup plus droits, et par les articles intermédiaires des antennes subégaux, Elle se distingue du *Liozoüm reflexum* par ses antennes moins longues et par son prothorax plus égal et moins largement explané.

BB. *Les 5e et 8e articles des antennes* lâches, plus ou moins allongés ou oblongs, inégaux : les 5e à 7e évidemment plus grands que ceux entre lesquels ils se trouvent placés.

d. *Antennes* à 6e et 8e articles allongés, subcylindriques.

9. **Liozoüm molle**, LINNÉ.

Oblongo-elongatum, subcylindricum, subnitidum, crebiùs asperato-punctatum, flavo-pubescens, rufo-ferrugineum, elytris apice paulò dilutioribus. Fronte levitèr convexâ. Pronoto fortitèr transverso, apice obliquè truncato, basi vix bissinuato et utrinquè subimpresso, lateribus levitèr rotundato et modicè explanato, convexiusculo, subæquali, angulis omnibus obtusis, anticis levitèr, posticis latiùs rotundatis. Elytris elongatis, modicè convexis, apice rotundatis. Antennis subelongatis, sublinearibus, articulis 6o *et* 8o *subelongatis, subcylindricis,* 3o *secundo paulò longiore. Tarsis elongatis, subgracilibus.*

Ptinus mollis, LINNÉ, Syst. Nat., t. 1, p. 561, 3.
Anobium molle, FABRICIUS, Syst. El., t. 1, p 323, 8.
— — OLIVIER, Ent., t. 2, no 16, p. 8, 5, pl. 2, fig. 8.
— — GYLLENHAL, Ins. suec., t. 1, p. 296, 8.
— — STURM, Deut. Faun. t. 11, p. 132, 16.

Long. 0,0055 à 0,007 ; larg. 0,002 à 0,0025.

♂. *Les 3 derniers articles des antennes* linéaires, pas plus épais que les précédents, aussi longs, pris ensemble, que le reste de l'antenne : *le* 9e presque aussi long que les trois précédents réunis : *le dernier* subacuminé au sommet. *Prothorax* un peu inégal, légèrement convexe. 6e *segment ventral* assez profondément entaillé au milieu de son bord apical.

♀. *Les 3 derniers articles des antennes* rétrécis vers leur base, un peu plus épais que les précédents, égalant, pris ensemble, les 6 précédents réunis : le 9e à peine aussi long que les 2 précédents réunis :

le *dernier* acuminé au sommet. *Prothorax* presque égal, assez convexe. 6e *segment ventral* subsinué au milieu de son bord apical.

Corps en ovale allongé, subcylindrique, un peu brillant, d'un roux ferrugineux ; revêtu d'une pubescence fauve, assez serrée.

Tête légèrement transversale, inclinée, un peu ressortie du prothorax, beaucoup plus étroite que celui-ci ; pubescente, couverte d'une granulation fine et assez serrée, avec un espace plus lisse vers le vertex ; d'un roux ferrugineux peu brillant avec les *palpes* plus clairs et le sommet des *mandibules* rembruni. *Front* légèrement convexe. *Yeux* gros, saillants. arrondis, noirâtres.

Antennes suballongées, sublinéaires, un peu plus longues que la moitié du corps ; finement pubescentes ; entièrement d'un roux ferrugineux ; à 1er article oblong, arqué, assez fortement épaissi : le 2e un peu plus long que large, assez renflé : le 3e plus grêle, oblong, un plus long que le précédent : le 4e oblong, un peu moins long que le 3e : les 5e à 8e allongés : les 5e à 7e sensiblement plus longs que ceux entre lesquels ils sont placés : les 3 derniers très-grands, subégaux, légèrement comprimés: le dernier à peine plus grand que le 10e.

Prothorax fortement transversal, presque une fois moins long que large, presque de la largeur des élytres, obliquement tronqué au sommet et faiblement relevé avant celui-ci ; légèrement arrondi sur les côtés qui sont plus ou moins largement réfléchis ou explanés, avec les angles antérieurs obtus infléchis et légèrement arrondis, et les postérieurs très-obtus, relevés et très-largement arrondis ; finement rebordé et obtusément arrondi au milieu de la base, à peine sinué sur les côtés de celle-ci ; plus (♀) ou moins (♂) convexe, plus (♀) ou moins (♂) égal sur son disque, offrant en arrière de celui-ci un tubercule lisse plus ou moins affaibli ou obsolète ; creusé de chaque côté de la base, au devant des légers sinus, d'une impression assez large, plus ou moins marquée ; couvert d'une granulation fine et serrée ; d'un roux ferrugineux peu brillant ; revêtu d'une pubescence blonde, assez longue et assez serrée.

Ecusson subsémicirculaire ; d'un roux ferrugineux ; garni d'une pubescence assez serrée, tomenteuse, qui lui donne une teinte un peu tranchée du reste du corps.

Elytres allongées, 4 fois plus longues que le prothorax, subparallèles sur les côtés, arrondies au sommet; assez convexes sur le dos; densement et aspèrement ponctuées; d'un roux ferrugineux un peu brillant, avec l'extrémité un peu plus claire; revêtu d'une pubescence blonde, assez serrée, un peu moins longue que celle du prothorax. *Epaules* peu saillantes, arrondies.

Dessous du corps assez convexe, finement et assez densement pubescent, densement et aspèrement ponctué, d'un roux ferrugineux assez brillant. *Lame du mésosternum* assez étroite, subparallèle. *Lame des hanches postérieures* réduite à un liseré assez étroit, très-faiblement élargi sur son milieu.

1er *segment ventral* légèrement sinué au milieu de son bord apical; le 5e obtusément arrondi ou subtronqué au sommet; le 6e assez saillant.

Pieds assez allongés, finement pubescents, d'un roux ferrugineux assez clair. *Cuisses* légèrement renflées. *Tarses* allongés, assez grêles, à 1er et 2e articles allongés, le 2e moins long que le 1er, le 3e oblong, le 4e médiocrement bilobé.

PATRIE : Environs de Lyon, sur les pins.

OBS. Le prothorax est quelquefois mais accidentellement finement et obsolètement canaliculé à son sommet.

dd. *Antennes à* 6e *et* 8e *articles* oblongs, obconiques.

10. **Liozoüm consimile,** NOBIS.

Elongatum, subcylindricum, subnitidum, densiùs asperato-punctatum, flavo-pubescens, rufo-ferrugineum, elytris apice paulò dilutioribus. Fronte levitèr convexâ. Pronoto fortitèr transverso, apice obliquè truncato, basi vix bissinuato et utrinquè subimpresso, lateribus levitèr rotundato et modicè explanato, convexiusculo, subæquali, angulis omnibus obtusis, anticis levitèr, posticis latiùs rotundatis. Elytris elongatis, subparallelis, modicè convexis, apice rotundatis. Antennis subelongatis, sublinearibus, articulis 6° et 8° oblongis, obconicis, 3° secundo paulò longiore. Tarsis elongatis, subgracilibus.

Long. 0,004 à 0,005; larg. 0,0016 à 0,002.

♂. *Les 3 derniers articles des antennes* linéaires, pas plus épais que les précédents, aussi longs, pris ensemble, que le reste de l'antenne: le 9e aussi long que les 3 précédents réunis: le *dernier* obtusément acuminé au sommet. *Prothorax* un peu inégal, légèrement convexe. 6e *segment ventral* profondément entaillé au milieu de son bord apical.

♀. *Les 3 derniers articles des antennes* rétrécis vers la base, à peine plus épais que les précédents, égalant, pris ensemble, les 6 précédents réunis: le 9e égalant les 2 précédents réunis: le *dernier* subacuminé au sommet. *Prothorax* presque égal, assez convexe. 6e *segment ventral* subsinué au milieu de son bord apical.

PATRIE : Environs de Lyon. Sur les pins.

OBS. Ainsi qu'on peut le voir par la comparaison des deux phrases diagnostiques, cette espèce diffère très-peu du *Liozoüm molle*, LIN. Comme nous ne l'adoptons qu'avec doute, nous nous dispensons de la décrire complétement, et nous nous contenterons seulement de faire remarquer qu'elle est généralement d'une taille moindre, d'une forme proportionnellement plus étroite et plus parallèle, et que les 6e et 8e articles des antennes sont constamment moins allongés et moins cylindriques. Pour tout le reste elle est conforme au *Liozoüm molle.*

ddd. *Antennes à* 6e, 7e *et* 8e *articles* oblongs, obconiques.

†. *Prothorax* contigu aux élytres sur toute sa base.

11. **Liozoüm parens**, NOBIS.

Crassiusculum, oblongo-ovatum, subnitidum, crebriùs asperato-punc-

tulatum, flavo-pubescens, fusco-ferrugineum, pronoti et elytrorum apice, antennis pedibusque dilutioribus. Fronte levitèr convexâ. Pronoto transverso, apice obliquè truncato, basi vix bissinuato et utrinquè obsoletè impresso, lateribus levitèr rotundato et parùm explanato, convexo, æquali, angulis omnibus obtusis, anticis levitèr, posticis fortiùs rotundatis. Elytris oblongis, modicè convexis, apice rotundatis. Antennis breviusculis, apice subincrassatis, articulo 3° secundo subæquali. Tarsis elongatis, apice subincrassatis.

VARIÉTÉ a. Tout le corps en entier d'un roux testacé assez clair.

Long. 0,0025 à 0,004 ; larg. 0,0012 à 0,0015.

♂. *Les 3 derniers articles des antennes* aussi longs, pris ensemble, que les 7 précédents réunis, pas plus épais que les précédents, subrectilignes à leur tranche interne : le *dernier* subacuminé au sommet. *Ventre* d'un noir de poix avec l'anus roussâtre : le 6ᵉ *segment* à peine saillant, légèrement entaillé au milieu de son bord apical.

♀. *Les 3 derniers articles des antennes* un peu plus courts, pris ensemble, que les 7 précédents réunis, un peu plus épais que les précédents, légèrement arrondis à leur tranche interne : le *dernier* fusiforme, acuminé au sommet. *Ventre* entièrement roussâtre : le 6ᵉ *segment* sinué au milieu de son bord apical et longitudinalement sillonné au devant du sinus.

Corps en ovale oblong, assez épais, un peu brillant, d'un roux ferrugineux plus ou moins obscur ; revêtu d'une pubescence blonde et uniforme.

Tête transversale, infléchie, peu ressortie du prothorax, sensiblement plus étroite que celui-ci ; légèrement pubescente, couverte d'une granulation fine, serrée, ombiliquée, un peu brillante, d'un roux ferrugineux plus ou moins obscur et quelquefois assez clair, avec les *mandibules* rembrunies au sommet et les *palpes* d'un roux testacé. *Front* légèrement convexe. *Yeux* assez saillants, subarrondis, noirs.

Antennes assez courtes, égalant à peine la moitié du corps, finement pubescentes, entièrement d'un roux testacé; à 1er article oblong, arqué, assez fortement épaissi : le 2e oblong, légèrement renflé : le 3e plus grêle mais pas plus long que le précédent : le 4e oblong, obconique, à peine plus court que le 3e : le 5e allongé, beaucoup plus long que le précédent et que le suivant : les 6e, 7e et 8e oblongs, obconiques, un peu plus épais que les précédents : le 7e un peu plus long que ceux entre lesquels il se trouve placé : les 3 derniers grands, allongés à peine comprimés : le dernier plus grand que le 10e.

Prothorax transversal, presque une fois moins long que large, de la largeur des élytres; obliquement tronqué au sommet; légèrement arrondi sur les côtés qui sont faiblement réfléchis ou explanés, avec les angles antérieurs obtus, légèrement arrondis et assez infléchis, et les postérieurs obtus, fortement arrondis et un peu relevés; très-finement rebordé et subtronqué au milieu de sa base et à peine sinué sur les côtés de celle-ci; plus (♀) ou moins (♂) convexe, tout-à-fait égal sur son disque; creusé de chaque côté de la base, au devant des légers sinus, d'une faible impression plus ou moins obsolète; couvert d'une granulation fine, serrée et ombiliquée; d'un roux ferrugineux un peu brillant plus ou ou moins obscur, avec le sommet toujours plus clair; revêtu d'une pubescence blonde, uniforme et médiocrement serrée.

Ecusson subsémicirculaire, d'un roux ferrugineux obscur, finement pubescent.

Elytres oblongues, à peine 4 fois plus longues que le prothorax, subparallèles sur les côtés, arrondies au sommet; assez convexes sur le dos; densement et aspèrement ponctuées; un peu brillantes, d'un roux ferrugineux plus ou moins obscur, avec l'extrémité plus claire et quelquefois testacée; revêtues d'une pubescence blonde, uniforme, médiocrement serrée. *Epaules* un peu saillantes, arrondies.

Dessous du corps légèrement convexe, très-légèrement pubescent, densement, légèrement et aspèrement ponctué; d'un roux ferrugineux brillant plus ou moins obscur, avec le ventre souvent (♂) d'un brun de poix. *Lame du mésosternum* très-fine et tranchante. *Lame des hanches postérieures* étroite. 1er *segment ventral* légèrement sinué au milieu de son bord apical ; le 5e obtusément arrondi au sommet : le 6e à peine saillant.

Pieds médiocrement allongés, finement pubescents, d'un roux plus ou moins testacé. *Cuisses* légement renflées. *Tarses* allongés, de la longueur des tibias, assez grèles à la base, graduellement épaissis vers l'extrémité ; à 1er et 2e articles allongés : le 2e beaucoup moins long que le 1er : le 3e obconique : le 4e profondément bilobé.

PATRIE : Lyon, Bresse, Provence. Sur les pins.

OBS. Sa forme plus courte, plus épaisse distingue aisément cette espèce de toutes ses congénères.

Le dessus du corps est quelquefois en entier d'un roux ferrugineux assez clair.

††. *Prothorax* détaché des élytres sur les côtés de sa base.

12. **Liozoüm parvicolle**, NOBIS.

Elongatum, nitidulum, asperato-punctulatum, breviter cinereo-subpubescens, nigro-piceum, elytris brunneis apice testaceis, antennis fuscis, pedibus piceo-testaceis, tarsis dilutioribus. Fronte convexiusculâ. Pronoto transverso, elytris angustiore, apice obliquè truncato, basi obtusè rotundato, lateribus truncato et parùm explanato, levitèr convexo, æquali, angulis omnibus obtusis, levitèr rotundatis. Elytris elongatis, levissimè convexis, apice rotundatis. Antennis subelongatis, linearibus, articulo 3o *secundo subæquali. Tarsis elongatis, apice vix incrassatis.*

Long. 0,003 ; larg. 0,001.

♂. *Les* 3 *derniers articles des antennes* linéaires, pas plus épais que les précédents, aussi longs, pris ensemble, que le reste de l'antenne ; le *dernier* obtus au sommet. *Yeux* très-saillants. *Tête* (y compris ceux-ci) aussi large que le prothorax.

♀. Nous est inconnue.

Corps allongé assez brillant, à peine pubescent, d'un noir de poix, avec les élytres brunâtres, plus ou moins testacées à leur sommet.

Tête transversale, infléchie, assez ressortie du prothorax, aussi large (♂) que celui-ci, à peine visiblement pubescente; couverte d'une granulation fine et assez serrée, avec un léger espace lisse au milieu; d'un noir de poix assez brillant, aves les *parties de la bouche* d'un roux ferrugineux assez clair. *Front* assez convexe. *Yeux* très-saillants (♂), arrondis, noirs.

Antennes assez longues, sensiblement plus longues que la moitié du corps, finement pubescentes, obscures, avec les articles intermédiaires un peu plus clairs, obscurément roussâtres; à 1er article oblong, légèrement arqué, assez épaissi : le 2e un peu plus long que large, légèrement renflé : le 3e plus grêle, à peu près de la longueur du précédent : les 4e à 8e graduellement un peu plus épais : le 4e obconique, un peu plus court que le 3e : le 5e distinctement plus long que le 4e et que le 6e : les 6e, 7e et 8e oblongs, obconiques : le 7e un peu plus long que ceux entre lesquels il se trouve placé : les 3 derniers grands, allongés, linéaires, pas plus épais que les précédents, faiblement comprimés : le dernier à peine plus long que le 10e.

Prothorax transversal, d'un tiers moins long que large, plus étroit que les élytres; sensiblement rétréci en avant, obliquement tronqué au sommet et sur les côtés qui sont à peine réfléchis ou explanés, avec tous les angles très-obtus et légèrement arrondis; latéralement comprimé et comme excavé près des angles antérieurs qui sont assez infléchis; largement et obtusément arrondi à la base, subtronqué et finement rebordé au milieu de celle-ci; avec les côtés de la même base obliquement dirigés d'arrière en avant jusqu'aux angles postérieurs, qui se trouvent ainsi séparés de la base des élytres par un angle rentrant vide, bien prononcé; faiblement convexe, égal sur son disque; couvert d'une granulation fine, serrée, bien sentie; d'un noir de poix brillant; revêtu d'une pubescence grisâtre, à peine visible et seulement sur les côtés.

Ecusson subtransversal, obtusément tronqué au sommet, presque glabre, subruguleux, d'un noir de poix assez brillant.

Elytres allongées, 4 fois et demie plus longues que le prothorax, subparallèles sur les côtés, arrondies au sommet, très-légèrement convexes sur le dos; densement et aspèrement ponctuées; d'un brun de poix assez brillant, avec l'extrémité plus ou moins largement testacée; revêtues d'une pubescence cendrée, très-courte et peu serrée. *Epaules* assez saillantes, légèrement arrondies.

Dessous du corps faiblement convexe, à peine et finement pubescent, obsolètement et aspèrement ponctué; d'un noir de poix très-brillant avec l'anus un peu roussâtre. *Lame du mésosternum* très-étroite, aciculée. *Lame des hanches postérieures* réduite à un liseré très-étroit. 1er *segment ventral* légèrement sinué au milieu de son bord apical: le 5e largement arrondi au sommet: le 6e un peu saillant, subsinué au milieu de son bord apical.

Pieds assez allongés, à peine pubescents, d'un testacé de poix avec les genoux et les tarses plus clairs. *Cuisses* très-faiblement renflées. *Tarses* allongés, assez grêles, mais graduellement un peu épaissis vers leur extrémité; à 1er article allongé: le 2e un peu allongé, beaucoup plus court que le précédent: le 3e obconique: le 4e assz profondément bilobé.

Patrie : Montagnes du Lyonnais. Sur les pins.

Obs. Cette espèce s'éloigne de toute autre par la forme de son prothorax qui est tout-à-fait détaché des élytres sur les côtés de sa base. Elle ressemble, quant au faciès, au *Liozoüm angusticolle* (♂), dont elle diffère par la forme des antennes, par celle du prothorax, et par la couleur des élytres.

BBB. *Les* 5e *à* 8e *articles des antennes* plus ou moins fortement contigus, courts, souvent transversaux.

e. *Prothorax* à côtés assez largement explanés, *à angles antérieurs* obtus et légèrement arrondis.

13. **Liozoüm pini**, Sturm.

Elongatum, subparallelum, subnitidum, leviùs asperato-punctulatum, densiùs cinereo-pubescens, laetè rufo-testaceum, oculis nigris. Fronte levitèr convexâ. Pronoto fortitèr transverso, apice obliquè truncato, basi obtusè rotundato et utrinquè obsoletè impresso, lateribus levitèr rotundato et latiùs explanato, levitèr convexo, æquali, angulis omnibus obtusis, anticis levitèr, posticis latè rotundatis. Elytris elongatis, parallelis, levitèr convexis, apice rotundatis. Antennis subelongatis, sublinearibus, articulo 3° secundo subæquali. Tarsis subelongatis, subgracilibus.

Anobium pini, Sturm, Deut. Faun., t. 11, p. 121, 11, tab. 241, fig. B.

Long. 0,0035; larg. 0,0012.

♂. *Les* 3 *derniers articles des antennes* allongés, sublinéaires. *Segments ventraux* plus ou moins rembrunis à leur base : le 6e assez saillant, légèrement entaillé au milieu de son bord apical.

♀. *Les* 3 *derniers articles des antennes* moins allongés et moins linéaires que dans le ♂. *Ventre* concolore : le 6e segment arrondi à son bord apical.

Corps allongé, subparallèle, assez brillant, d'un roux testacé clair, assez densement revêtu d'une pubescence cendrée, assez courte.

Tête à peine transversale, infléchie, assez ressortie du prothorax, beaucoup plus étroite que celui-ci; légèrement pubescente; couverte d'une granulation fine, serrée, subombiliquée; d'un roux testacé un peu brillant, avec les *palpes* un peu plus clairs et le sommet des *mandibules* rembruni. *Front* légèrement convexe. *Yeux* plus (♂) ou moins (♀), saillants, arrondis, noirs.

Antennes médiocrement allongées; de la longueur de la moitié du corps, légèrement pubescentes, d'un roux testacé; à 1er article oblong, assez fortement épaissi : le 2e oblong, légèrement renflé : le 3e plus grêle, pas plus long que le précédent : le 4e obconique, plus court que le 3e : les 5e à 8e assez contigus : le 5e oblong, évidemment plus long que le précédent et que le suivant : les 6e et 8e courts, subtransversaux : le 7e pas plus long que large, un peu moins court que ceux entre lesquels il se trouve placé : les trois derniers plus (♂) ou moins (♀) allongés, faiblement comprimés, non (♂) ou à peine (♀) plus épais que les précédents.

Prothorax fortement transversal, une fois moins long que large, de la largeur des élytres ; obliquement tronqué au sommet, légèrement arrondi sur les côtés qui sont largement réfléchis ou explanés, avec les angles antérieurs obtus, légèrement arrondis et légèrement infléchis, et les postérieurs très-obtus, très-largement arrondis et relevés ; très-finement rebordé et obtusément arrondi à la base, avec les côtés de celle-ci presque indistinctement sinués ; plus (♀) ou moins (♂) convexe, égal sur son disque ; creusé de chaque côté de la base d'une impression assez large, plus ou moins obsolète ; couvert d'une granulation très-fine, légère, et assez serrée ; d'un roux testacé assez clair et brillant ; revêtu d'une fine pubescence, cendrée et assez serrée.

Ecusson subsémicirculaire, subruguleux, légèrement pubescent, d'un roux testacé assez brillant.

Elytres allongées, 4 fois et demie plus longues que le prothorax, parallèles sur les côtés, arrondies au sommet ; faiblement convexes sur le dos, densement assez légèrement et aspèrement ponctuées ; d'un roux testacé assez brillant, avec l'extrémité un peu plus claire ; revêtues d'une pubescence assez serrée, fine et cendrée. *Epaules* peu saillantes, arrondies,

Dessous du corps légèrement convexe, finement pubescent, assez densement, légèrement et aspèrement ponctué ; d'un roux testacé, avec le ventre plus ou moins obscurci chez le ♂. *Lame du mésosternum* très-étroite, aciculée. 1er *Segment ventral* à peine sinué au milieu de son bord apical : le 5e obtusément arrondi au sommet : le 6e plus ou moins saillant.

Pieds médiocrement allongés, finement pubescents, d'un roux testacé. *Cuisses* passablement renflées. *Tarses* assez allongés, assez grêles ; à 1er article très-allongé : le 2e un peu allongé, beaucoup moins long que le précédent : le 3e obconique : le 4e assez profondément bilobé.

Patrie : Environs de Lyon, sur les pins.

Obs. Cette espèce se distingue des précédentes par les articles intermédiaires des antennes plus courts, et plus contigus ; et des suivantes par les côtés du prothorax plus largement explanés.

ee. *Prothorax* à côtés étroitement explanés.

Φ. *A angles antérieurs* presque droits, légèrement émoussés.

f. *Les 3 derniers articles des antennes* linéaires pas plus épais que les précédents.

14. **Liozoüm longicorne**, Sturm.

Elongatum, subcylindricum, subnitidum, crebiùs asperato-punctulatum, subtilitèr brevitèrque cinereo-subpubescens, nigrum, elytris nigro-piceis, antennis pedibusque ferrugineis, femoribus infuscatis. Fronte convexiusculâ. Pronoto transverso, anticè angustiore, apice obliquè truncato, basi obtusè rotundato et utrinquè subimpresso ; lateribus breviùs explanato, posticè modicè rotundato, anticè subsinuato ; convexo, subæquali, angulis anticis subrectis, posticis obtusis, latè rotundatis. Elytris elongatis, parallelis, modicè convexis, apice rotundatis. Antennis elongatis, linearibus, articulo 3o secundo vix longiore. Tarsis elongatis, subgracilibus.

Anobium longicorne, Sturm, Deut. Faun., t. 11, p. 124, 13, tab. 241, fig. D.

Long. 0,0055 ; larg. 0,002.

♂. *Les 3 derniers articles des antennes* très-longs, linéaires, beaucoup plus longs, pris ensemble, que le reste de l'antenne : les 9e et 10e pris ensemble, aussi longs que tous les précédents réunis.

♀. Nous est inconue.

Corps allongé, subcylindrique, d'un noir de poix assez brillant; revêtu d'une pubescence fine, courte, cendrée, peu serrée.

Tête un peu oblongue, infléchie, un peu ressortie du prothorax, beaucoup plus étroite que celui-ci; à peine pubescente; couverte d'une granulation fine, très-serrée, aplatie, ombiliquée; d'un noir peu brillant, avec les *parties de la bouche* roussâtres. *Front* assez convexe. *Yeux* médiocrement saillants, arrondis, brunâtres.

Antennes allongées, linéaires, presque aussi longues (♂) que le corps, finement pubescentes, ferrugineuses ; à 1er article oblong, arqué, assez fortement épaissi : le 2e oblong, assez renflé : le 3e plus grêle, oblong, à peine plus long que le précédent : le 4e obconique, un peu plus court que le 3e : les 5e à 8e fortement contigus : le 5e assez allongé, sensiblement plus long que le précédent : les 6e et 8e courts, subtransversaux : le 7e oblong, un peu plus grand que ceux entre lesquels il se trouve placé : les 3 derniers très-grands, linéaires (♂), pas plus épais que les précédents, légèrement comprimés.

Prothorax transversal, d'un tiers moins long que large, un peu plus étroit que les élytres à sa base, sensiblement rétréci en avant, obliquement tronqué au sommet; faiblement réfléchi ou explané sur les côtés, avec ceux-ci assez arrondis en arrière et subsinués au devant des angles antérieurs qui sont presque droits, légèrement émoussés et infléchis, avec les angles postérieurs très-obtus, légèrement arrondis et très-relevés; obtusément arrondi à la base et obsolètement rebordé au milieu de celle-ci; assez convexe, presque égal sur son disque, offrant à son tiers postérieur un étroit espace lisse, à peine élevé; creusé de chaque côté de la base d'une impression assez large et affaiblie; couvert d'une granulation fine, serrée et ombiliquée; d'un noir peu brillant; revêtu d'une pubescence cendrée, très-courte, à peine visible.

Ecusson subcordiforme, légèrement arrondi au sommet, finement chagriné, à peine pubescent, d'un noir assez brillant.

Elytres allongées, 4 fois et demie plus longues que le prothorax, parallèles sur les côtés, arrondies au sommet; assez convexes sur le dos; densement, assez légèrement et aspèrement ponctuées; d'un noir de poix assez brillant; revêtues d'une pubescence très-courte, cendrée, peu serrée. *Epaules* peu saillantes, arrondies.

Dessous du corps légèrement convexe, légèrement pubescent, assez densement, légèrement et aspèrement ponctué; d'un noir de poix assez brillant. *Lame des hanches postérieures* étroite, faiblement dilatée sur son milieu. 1er *segment ventral* à peine sinué au milieu de son bord apical : le 5e obtusément arrondi au sommet.

Pieds allongés, légèrement pubescents, ferrugineux. *Cuisses* légèrement renflées. *Tarses* allongés, assez grêles; à 1er article très-allongé : le 2e un peu allongé, beaucoup moins long que le précédent : le 3e oblong : le 4e médiocrement bilobé.

PATRIE : Les parties orientales de la France.

ff. *Les 3 derniers articles des antennes* plus épais que les précédents.

15. **Liozoüm densicorne**, NOBIS.

Elongatum, subcylindricum, parùm nitidum, crebrè subtilitèr asperato-punctulatum, breviùs tenuitèr griseo-pubescens, fusco-ferrugineum, antennis pedibusque paulò dilutioribus. Fronte levitèr convexâ. Pronoto transverso, anticè angustiore, apice oblique truncato, basi obtusè rotundato; lateribus vix explanato, posticè levitèr rotundato, anticè subsinuato; convexo, subæquali, angulis anticis subrectis, apice rotundatis. Antennis subelongatis, apice incrassatis, articulo 3o secundo paulò longiore. Tarsis elongatis, subgracilibus.

Long. 0,0055 à 0,005; larg. 0,0012 à 0,002.

♂. *Les 3 derniers articles des antennes* subparallèles à leurs tranches, un peu plus épais que les précédents, beaucoup plus longs, pri ensemble que le reste de l'antenne : les 9e et 10e égalant, pris ensemble, tous les précédents réunis. *Dessous du corps* assez brillant. *Tête et prothorax*, noirs. *Ventre* d'un noir de poix, avec l'anus un peu roussâtre. *Tête* (y compris les yeux) un peu moins large que le *prothorax*; celui-ci faiblement convexe, sensiblement plus étroit que les *élytres* : celles-ci très-allongées, linéaires, 5 fois plus longues que le prothorax. 6e *Segment ventral* légèrement entaillé au milieu de son bord apical.

♀. *Les 3 derniers articles des antennes* légèrement arrondis à leur tranche interne, sensiblement plus épais que les précédents, un peu plus longs, pris ensemble que le reste de l'antenne : les 9e et 10e, un peu moins longs, pris ensemble, que tous les précédents réunis : le dernier acuminé au sommet. *Dessous du corps* peu brillant. *Tête, prothorax et ventre* d'un ferrugineux plus ou moins obscur. *Tête* (y compris les yeux) beaucoup plus étroite que le *prothorax*; celi-ci assez convexe, presque aussi large à sa base que les *élytres* : celles-ci suballongées, 4 fois plus longues que le prothorax. 6e *segment ventral* arrondi à son bord apical,

Corps allongé, subcylindrique, assez brillant (♂) ou subopaque (♀), d'un ferrugineux plus ou moins obscur; revêtu d'une pubescence fine, très-courte, cendrée, assez serrée sur les élytres.

Tête légèrement transversale (♂) ou un peu oblongue (♀), infléchie, peu ressortie du prothorax, à peine pubescente, couverte d'une granulation très-serrée, aplatie, ombiliquée; subopaque, d'un ferrugineux obscur, avec les *palpes* testacés, les *mandibules* roussâtres et rembrunies à leur sommet. *Front* légèrement convexe. *Yeux* médiocrement saillants, arrondis, noirs.

Antennes suballongées, aussi longues (♀) ou un peu plus longues (♂) que la moitié du corps, finement pubescentes et légèrement pilosellées ferrugineuses : à 1er article oblong, arqué, assez fortement épaissi : le 2e court, assez renflé : le 3e oblong, beaucoup plus grêle et un peu plus long que le précédent : le 4e obconique, plus court que le 3e : les 5e à 8e assez fortement contigus : le 5e assez allongé, sensiblement plus long que le précédent et que le suivant : les 6e et 8e pas plus longs que larges : le 7e un peu plus long que ceux entre lesquels il se trouve placé : les 3 derniers très-grands, allongés, un peu comprimés, plus épais que les précédents : le dernier à peine plus long que le 10e.

Prothorax transversal, d'un tiers moins long que large, plus (♀) ou moins (♂), rétréci en avant, obliquement tronqué au sommet ; à peine réfléchi ou explané sur les côtés, avec ceux-ci légèrement arrondis en arrière et subsinués au devant des angles antérieurs qui sont presque droits, légèrement arrondis et infléchis, avec les postérieurs très-obtus, largement arrondis et à peine relevés ; obtusément arrondi à la base, subtronqué et un peu réfléchi au milieu de celle-ci ; plus (♀) ou moins (♂) convexe, presque égal sur son disque, offrant à son tiers postérieur un espace lisse, à peine élevé, obsolète ; couvert d'une granulation fine et serrée ; d'un ferrugineux plus ou moins obscur et subopaque (♀) ; revêtu d'une pubescence très-courte, à peine visible, et seulement sur les côtés.

Ecusson subsémiciculaire, ruguleux à peine pubescent, d'un ferrugineux obscur.

Elytres plus (♂) ou moins (♀) allongées, parallèles sur les côtés, arrondies au sommet, légèrement cenvexes sur le dos ; densement, finement et aspèrement ponctuées ; d'un ferrugineux assez obscur et peu brillant (♀), revêtues d'une pubescence fine, courte et assez serrée. *Epaules* peu saillantes, arrondies.

Dessous du corps faiblement convexe, à peine pubescent, densement et aspèrement ponctué, d'un ferrugineux un peu brillant (♀), quelquefois rembruni (♂). *Lame du mésosternum* très-étroite, tranchante. *Lame des hanches postérieures* étroite, un peu dilatée sur son milieu : 1er *segment ventral* à peine sinué au milieu de son bord apical : le 5e obtusément arrondi au sommet : le 6e assez saillant.

Pieds assez allongés, à peine pubescents, ferrugineux. *Cuisses* légèrement renflées. *Tarses* allongés, assez grêles ; à 1er article allongé, beaucoup moins long que le 1er : le 3e oblong : le 4e assez profondément bilobé.

PATRIE : Montagnes du Lyonnais, sur les pins.

OBS. Cette espèce diffère du *Liozoïum nigrinum*, STURM, par sa couleur ferrugineuse, et par les angles antérieurs du prothorax moins arrondis, presque droits.

ΦΦ. *Prothorax à angles antérieurs* obtus, fortement arrondis; *les 3 derniers articles des antennes* plus épais que les précédents.

O. *Prothorax* non canaliculé. *Corps* d'un brun de poix.

16. **Liozoïum fuscum**, PERROUD.

Subelongatum, subcylindricum, nitidilum, densè subtilitèr asperato-punctulatum, tenuitèr flavo-pubescens, piceum, elytrorum apice antennis pedibusque rufis. Fronte levitèr convexâ. Pronoto modicè transverso, anticè paulò angustiore, apice obliquè truncato, basi obtusè rotundato; lateribus levitèr rotundato et breviùs explanato; convexo, æquali, angulis, omnibus obtusis, fortitèr rotundatis. Elytris elongatis, modicè convexis, apice rotundatis. Antennis subelongatis, apice incrassatis, articulo 3o secundo paulò longiore. Tarsis subelongatis, gracilibus.

Anobium fuscum. PERROUD, in litteris.

Long. 0,004; larg. 0,0017.

Corps suballongé, subcylindrique, assez brillant, d'un brun de poix, avec l'extrémité des élytres graduellement plus claire; revêtu d'une pubescence blonde, assez courte, fine et peu serrée.

Tête un peu oblongue, infléchie, peu ressortie du prothorax, plus étroite que celui-ci, à peine pubescente; couverte d'une granulation serrée, légère, aplatie, ombiliquée; d'un brun de poix un peu brillant, avec *les parties de la bouche* roussâtres. *Front* légèrement convexe. *Yeux* médiocrement saillants, arrondis, noirs.

Antennes peu allongées, atteignant la moitié du corps, finement pubescentes et légèrement pilosellées, roussâtres ; à 1er article oblong, arqué, assez fortement épaissi : le 2e à peine plus long que large, assez renflé : le 3e beaucoup plus grêle, un peu allongé, un peu plus long que le précédent : les 4e à 8e fortement contigus : le 4e sensiblement plus court que le 3e : le 5e un peu plus long que le précédent et que le suivant : les 6e, 7e et 8e courts, subtransversaux, graduellement un peu plus courts : les 3 derniers allongés, très-grands, sensiblement plus épais que les précédents, une fois et demie plus longs, pris ensemble, que le reste de l'antenne : le dernier subacuminé au sommet, à peine plus long que le 10e.

Prothorax transversal, d'un quart moins long que large, un peu plus étroit que les élytres à sa base ; un peu plus rétréci en avant ; obliquement tronqué au sommet ; légèrement arrondi sur les côtés qui sont brièvement réfléchis ou explanés, avec les angles antérieurs obtus, fortement arrondis et infléchis, et les postérieurs obtus; largement arrondis et à peine relevés ; obtusément arrondi à la base, avec le milieu de celle-ci obsolètement rebordé ; convexe, égal sur son disque, offrant à son tiers postérieur un petit espace lisse, oblong, obsolète, à peine élevé ; couvert d'une granulation serrée, aplatie et ombiliquée ; d'un brun de poix assez brillant ; revêtu d'une fine pubescence, blonde, courte et brillante.

Ecusson sémicirculaire, ruguleux, à peine pubescent, d'un brun de poix assez brillant.

Elytres suballongées, près de 4 fois plus longues que le prothorax, suparallèles sur les côtés, arrondies au sommet ; assez convexe, sur le dos ; assez densement, finement et aspèrement pontuées ; d'un brun de poix assez brillant, avec l'extrémité plus ou moins roussâtre ; revêtues d'une pubescence assez courte, peu serrée, d'un blond soyeux. *Epaules* non saillantes, arrondies.

Dessous du corps légèrement convexe, légèrement pubescent, obsolètement et aspèrement ponctué, d'un noir de poix brillant, avec l'anus un peu roussâtre. *Lame du mésosternum* très-fine, tranchante. *Lame des hanches postérieures* étroite. 1er *segment ventral* à peine sinué au milieu de son bord apical : le 5e obtusément arrondi au sommet : le 6e assez saillant, sinué au milieu de son bord apical.

Pieds peu allongés, légèrement pubescents, d'un roux de poix. *Cuisses* assez renflées. *Tarses* suballongés, assez grêles ; à 1er article allongé : le 2e un peu allongé, beaucoup moins long que le précédent : le 3e obconique : le 4e médiocrement bilobé.

PATRIE : Environs de Lyon (collection Perroud).

OBS. Cette espèce ne se distingue du *Liozoüm nigrinum*, STURM, que par sa taille moindre, par sa couleur moins noire, par son prothorax non canaliculé, et par la ponctuation des élytres moins fine et moins serrée.

OO. *Prothorax* obsolètement canaliculé sur son milieu. *Corps* noir.

17. **Liozoüm nigrinum**, STURM.

Oblongo-elongatum, subcylindricum, nitidulum, creberrimè asperato-punctulatum, tenuitèr cinereo-pubescens, nigrum, tarsis rufescentibus. Fronte levitèr convexâ. Pronoto transverso, anticè angustiore, apice obliquè truncato, basi obtusè subrotundato, lateribus modicè rotundato et brevitèr explanato ; convexo, æquali, angulis omnibus obtusis, fortitèr rotundatis. Elytris elongatis, subparallelis, modicè convexis, apice rotundatis. Antennis elongatis, apice incrassatis, articulo 3o secundo longiore. Tarsis elongatis, subcylindribus.

Anobium nigrinum. STURM., Deut. Faun., t. 11, p. 126, 14 ; tabl. 242, fig. A.

Long. 0,005 ; larg. 0,002.

♂. *Les 3 derniers articles des antennes* très-allongés, subparallèles à leurs tranches, deux fois plus longs, pris ensemble, que le reste de l'antenne ; le 9e seul aussi long que les 6 précédents réunis ; le *dernier* obtusément acuminé au sommet. Le 6e *segment ventral* assez profondément et triangulairement incisé au milieu de son bord apical.

♀. Nous est inconnue. (D'après la figure donnée par Sturm, les 3 *derniers articles des antennes* sont beaucoup moins allongés que chez le ♂).

Corps allongé-oblong, subcylindrique, d'un noir brillant; revêtu d'une fine pubescence cendrée, assez courte et assez serrée.

Tête un peu oblongue, infléchie, peu ressortie du prothorax, beaucoup plus étroite que celui-ci; légèrement pubescente; couverte d'une granulation fine et serrée, un peu aplatie, ombiliquée, d'un noir assez brillant, avec les *parties de la bouche* roussâtres. *Front* légèrement convexe. *Yeux* médiocrement saillants, arrondis, brunâtres.

Antennes allongées, beaucoup plus longues (♂) que la moitié du corps, à peine pubescentes, obscures, avec les articles intermédiaires brunâtres; à 1er article oblong, arqué, assez fortement épaissi: le 2e court, assez renflé: le 3e plus grêle, oblong, obconique, évidemment plus long que le précédent: le 4e obconique, plus court que le 3e: les 5e à 8e fortement contigus: le 5e oblong, un peu plus long que le précédent, mais bien plus grand que le suivant: les 6e 7e et 8e courts: les 6e et 7e subégaux, subtransversaux: le 7e paraissant néanmoins un peu moins court que le 6e: le 8e sensiblement transversal: les 3 derniers très-grands, très-allongés, sensiblement plus épais que les précédents, assez comprimés: le dernier à peine plus long que le 10e.

Prothorax transversal, d'un tiers moins long que large, un peu plus étroit que les élytres; rétréci en avant, obliquement tronqué au sommet; médiocrement arrondi sur les côtés qui sont faiblement réfléchis ou explanés, avec les angles antérieurs obtus, fortement arrondis et infléchis, et les postérieurs très-obtus, largement arrondis et un peu relevés; obtusément arrondi à la base, avec le milieu de celle-ci sensiblement réfléchi ou rebordé; convexe, égal sur son disque, offrant à son tiers postérieur un espace lisse, non élevé, obsolète, et en avant un petit sillon canaliculé, très-fin, plus ou moins affaibli; couvert d'une granulation fine, serrée, ombiliquée; d'un noir assez brillant; revêtu d'une fine pubescence cendrée, assez courte et assez serrée.

Ecusson subsémicirculaire, un peu oblong, ruguleux, à peine pubescent, d'un noir de poix assez brillant.

Elytres suballongées, près de 4 fois plus longues que le prothorax, subparallèles sur les côtés, arrondies au sommet ; assez convexes sur le dos ; très-densement, finement et aspèrement ponctuées ; d'un noir de poix brillant ; revêtues d'une fine pubescence cendrée, assez courte et assez serrée. *Epaules* peu saillantes, arrondies.

Dessous du corps légèrement convexe, finement pubescent, légèrement, assez densement et aspèrement ponctué ; d'un noir de poix brillant. *Lame du mésosternum* étroite, aciculée. *Lame des hanches postérieures* assez étroite. 1er *segment ventral* légèrement sinué au milieu de son bord apical : le 5e obtus ou subsinué au sommet : le 6e médiocrement saillant.

Pieds assez allongés, finement pubescents ; d'un noir de poix, avec les tarses roussâtres. *Cuisses* légèrement renflées. *Tarses* allongés, assez grêles ; à 1er et 2e articles allongés : le 2e un peu moins long que le 1er : le 3e oblong : le 4e assez profondément bilobé.

PATRIE : Les petites montagnes des environs de Lyon. (Collection Perroud).

OBS. Cette espèce diffère du *Liozoüm longicorne*, RATZB., par les 3 derniers articles des antennes épaissi, par sa forme moins allongée, et par les angles antérieurs du prothorax moins droits et plus fortement arrondis.

Genre *Oligomerus*, REDTENBACHER.

REDTENBACHER, Faun. austr., éd. 1re, p. 347 ; et éd. 2e, p. 563.
JACQUELIN DU VAL, t. 3, 2e partie, p. 217, pl. 53, fig. 265.

(Ὀλίγος, peu ; μέρος, article.)

CARACTÈRES. *Corps* allongé, cylindrique.

Tête inclinée, engagée dans le prothorax, bruquement rétrécie au devant des yeux. *Front* assez large. *Palpes* à dernier article oblong, obtusément et très-obliquement tronqué au sommet. *Mandibules* assez saillantes, brusquement coudées presque à angle droit sur leurs côtés. *Labre* très-court, transversal. *Yeux* gros, subarrondis, saillants.

Antennes peu allongées, de 10 articles : le 1er suballongé, arqué, assez épaissi : le 2e court, assez renflé : les 3e à 7e fortement contigus : le 3e oblong : les 5e à 7e très-courts, fortement transversaux : les 3 derniers très-grands, comprimés, beaucoup plus large que les précédents.

Prothorax fortement transversal, aussi large que les élytres, légèrement bissinué à la base, à bord antérieur prolongé en dessous, jusqu'aux hanches, en arête saillante ; assez régulièrement et légèrement arrondi sur les côtés qui sont munis d'une tranche très-saillante ; gibbeux vers le milieu de son disque ; prolongé sur la tête en forme de capuchon obtusément tronqué.

Ecusson assez grand, un peu oblong, obtusément tronqué au sommet.

Elytres allongées, cylindriques, parallèles, obtusément tronquées au sommet, légèrement striées sur toute leur surface.

Poitrine non excavée : les *prosternum* et *mésosternum* élevés ou presque élevés jusqu'au niveau des hanches. *Hanches antérieures* et *hanches intermédiaires* rapprochées : les *postérieures* sensiblement écartées entre elles. *Lames des prosternum et mésosternum* brusquement rétrécies en pointe aciculée. *Métasternum* sillonné sur son milieu. *Lame des hanches postérieures* étroite, faiblement élargie dans son milieu.

Ventre à 1er et 2e segments subégaux, un peu plus grands que les suivants : les 3e et 4e assez courts : le 5e assez développé : le 6e plus ou moins caché. Le 1er légèrement bissinué à son bord apical.

Pieds médiocrement allongés. *Tarses* assez allongés, étroits, latéralement comprimés ; à 1er *article* très-allongé : les 2e à 4e graduellement plus courts : le 4e bilobé : le *dernier* sensiblement épaissi vers l'extrémité.

Obs. Ce genre est beaucoup plus voisin du genre *Anobium* que du genre *Liozoüm*, et semble, avec le genre suivant, former une branche subparallèle, dont il représenterait des *Anobium* à 10 articles aux antennes, de même que le genre *Amphibolus* représenterait des *Liozoüm* à antennes de 10 articles.

Oligomerus brunneus, Olivier.

Elongatus, cylindricus, parallelus, parùm nitidus, rugoso-punctulatus, fulvo-tomentosus. castaneus, antennis pedibusque rufo-ferrugineis. Fronte levitèr convexâ. Pronoto fortitèr transverso, apice obliquè truncato, basi levitèr bissinuato et utrinquè impresso; lateribus obtusè crenulato levitèr rotundato et modicè reflexo; disco gibboso, medio canaliculato, angulis anticis subrectis, posticis obtusis, rotundatis. Elytris elongatis, convexis, apice obtusè, truncatis, levitèr striato-punctatis, punctis transversis vel compositis. Antennis parùm elongatis, articulo 3° secundo subæquali, tribus ultimus abruptè crassioribus. Tarsis subelongatis, angustis, compressis, articulo 1° elongato.

Anobium brunneum, Olivier, Ent. t. 2, n° 16, p. 8, 4, pl. 2, fig. 6.
— — Sturm, Deut. Faun., t. 11, p. 117, 9, tab. 239, fig. A (♀.)
Oligomerus brunneus, Redtenbacher, Faun. Austr., éd. 2ᵉ, p. 563.

Long. 0,0?5 à 0,008 ; larg. 0,0018 à 0,0025.

♂. *Les* 3 *derniers articles des antennes* presque 3 fois plus longs, pris ensemble, que le reste de l'antenne, subparallèles à leurs tranches; le dernier sublinéaire. *Prothorax* très-légèrement arrondi sur les côtés.

♀. *Les* 3 *derniers articles des antennes* 2 fois plus longs, pris ensemble, que le reste de l'antenne, fortement rétrécis à leur base et arrondis à leur tranche interne ; le *dernier* subfusiforme. *Prothorax* sensiblement arrondi sur les côtés.

Corps allongé, cylindrique, peu brillant, châtain, revêtu d'une courte pubescence fauve, tomenteuse.

Tête subtransversale, inclinée, assez engagée dans le prothorax, beaucoup plus étroite que celui-ci ; pubescente, aspèrement ponctuée ; d'un châtain clair et peu brillant, avec les *palpes* testacés et le sommet des *mandibules* d'un noir de poix. *Front* légèrement convexe. *Yeux* grands, saillants, subarrondis, noirs.

Antennes peu allongées, plus courtes que la moitié du corps, très-finement pubescentes, d'un roux ferrugineux; à 1er article suballongé, arqué, assez épaissi : le 2e à peine plus long que large, assez renflé : les 3e à 7e fortement contigus: le 3e oblong, plus grêle, mais pas plus long que le précédent : le 4e court, légèrement transversal: les 5e à 7e très-courts, fortement tranversaux : les 3 derniers très-grands, beaucoup plus larges que les précédents, sensiblement comprimés : le dernier un peu plus long que le 9e, subacuminé au sommet.

Prothorax fortement transversal, presque une fois moins long que large, de la largeur des élytres; obliquement tronqué au sommet qui est quelquefois légèrement sinué au milieu de son bord apical; plus (♀) ou moins (♂) arrondi sur les côtés qui sont très-tranchants, obtusément crénelés et médiocrement réfléchis ou explanés, avec les angles antérieurs presque droits, infléchis et à peine émoussés, et les postérieurs obtus, arrondis et très-relevés; légèrement bissinué à la base, avec le milieu de celle-ci finement rebordé et obtusément tronqué; très-convexe et gibbeux un peu en arrière de son disque, offrant sur son millieu un petit sillon canaliculé, assez visible sur la bosse, nul en arrière de celle-ci, plus ou moins obsolète en avant; creusé de chaque côté de la base à l'endroit même des sinus d'une impression plus ou moins marquée; assez densement et aspèrement ponctué; d'un chatain plus ou moins clair et peu brillant; revêtu d'une pubescence fauve, tomenteuse et serrée.

Ecusson un peu oblong, obtusément tronqué au sommet, pubescent, chagriné, d'un châtain peu brillant.

Elytres allongées, cylindriques, 5 fois plus longues que le prothorax, subparallèles sur les côtés, obtusément tronquées au sommet; convexes sur le dos; d'un châtain peu brillant; revêtues d'une pubescence fauve, tomenteuse et serrée; marquées chacune de 10 stries et du commencement d'une 11e vers l'écusson, formées de points transversaux, plus ou moins confus et composés, avec les intervalles finement et densement chagrinés. *Epaules* assez saillantes, arrondies.

Dessous du corps faiblement convexe, finement pubescent, légèrement et densement ponctué, avec des points plus grossiers sur les côtés et à l'extrémité du ventre; d'un châtain assez brillant, avec le ventre souvent plus clair. *Prosternum* et *mésosternum* un peu concaves. *Lame des hanches postérieures* étroite, faiblement élargie dans son milieu. 1er *segment ventral* presque droit à son bord apical; *le* 5e transversalement impressionné avant son sommet : *le* 6e à peine apparent.

Pieds médiocrement allongés, très-finement pubescents; d'un roux ferrugineux. *Cuisses* à peine renflées. *Tarses* assez allongés : étroits, latéralement comprimés; à 1er article très-allongé, le 2e suballongé, beaucoup moins long que le précédent : le 3e triangulaire : le 4e médiocrement bilobé.

PATRIE : Toute la France. Environs de Lyon, Beaujolais. Sur l'abricotier, le cerisier, le tilleul, le châtaignier, le frêne.

Genre *Amphibolus*, NOBIS.

(Αμφίβολος, ambigu.)

CARACTÈRES. *Corps* allongé, subparallèle.

Tête inclinée, subverticale, assez dégagée du prothorax, brusquement rétrécie au devant des yeux. *Front* très-large. *Palpes* à dernier article ovalaire, obtusément tronqué au sommet. *Mandibules* saillantes, brusquement et arcuément coudées sur leurs côtés. *Labre* très-court, transversal. *Yeux* assez gros, arrondis, saillants.

Antennes peu allongées, de 10 articles; le 1er oblong, assez fortement épaissi : le 2e court, assez renflé : les 3e et 7e fortement contigus : les 3e et 4e oblongs : le 5e à 7e courts, transversaux : le 6e un peu moins court que ceux entre lesquels il se trouve placé : les 3 derniers très-grands, comprimés, beaucoup plus larges que les précédents.

Prothorax transversal, sensiblement plus étroit que les élytres, obtusément tronqué à la base, à bord antérieur non prolongé en dessous en arête saillante; presque droit sur les côtés qui sont munis d'une tranche peu saillante, plus ou moins interrompue en arrière; non gibbeux sur son disque; obliquement tronqué et non prolongé en capuchon à son bord apical.

Ecusson assez grand, carré, subéchancré au sommet.

Elytres en ovale allongé, subparallèles sur les côtés, obtusément arrondies au sommet; non striées sur le dos, bi ou subtri-striées sur les côtés.

Poitrine non excavée : les *prosternum* et *mésosternum* élevés ou presque élevés jusqu'au niveau des hanches. *Lames des prosternum* et *mésosternum* brusquement rétrécies en pointe courte. *Métasternum* largement et longitudinalement impressionné sur son milieu. *Hanches antérieures* et *hanches intermédiaires* rapprochées, les *antérieures* plus ou moins contiguës à leur sommet; les *postérieures* sensiblement écartées entre elles. *Lame des hanches postérieures* assez étroite en dehors, assez sensiblement élargie en dedans.

Ventre à 1er *et* 2e *segments* subégaux, plus grands que les suivants : *les* 3e *et* 4e courts : *le* 5e assez développé : le 6e plus ou moins apparent: *le* 1er subsinué au milieu de son bord apical.

Pieds peu allongés. *Tarses* un peu plus courts que les tibias, assez allongés, étroits, latéralement comprimés; à 1er article allongé : les 2e à 4e graduellement plus courts : le 4e bilobé : le dernier légèrement épaissi vers son extrémité.

Obs. Ce genre diffère du genre *Oligomerus* par la forme de son écusson, et par celle de son prothorax à tranche latérale peu saillante et interrompue. Le dernier article des palpes est plus élargi et moins obliquement tronqué au sommet. Le 6e segment ventral est toujours plus ou moins apparent.

Amphibolus gentilis, ROSENHAUER.

Elongatus, parùm nitidus, breviter subluteo-pubescens, crebrè granulato-punctulatus, niger, elytris antennarumque clavâ fusco-testaceis, antennarum basi pedibusque dilutioribus. Fronte leviter convexâ. Pronoto transverso, elytris angustiore; apice obliquè, basi obtusè truncato; lateribus subrecto, interruptè marginato; leviter convexo, non gibboso, subæquali, dorso obsoletissimè canaliculato; angulis omnibus obtusis, leviter rotundatis, anticis ampliatis. Elytris oblongo-elongatis, leviter convexis, apice obtusè rotundatis, lateribus obsoletè punctato-striatis. Antennis parùm elongatis, articulo 3° secundo subæquali, tribus ultimis crassioribus. Tarsis subelongatis, angustis, compressis, articulo 1° elongato.

Anobium gentile, ROSENHAUER, Beitr. p. 21.
Anobium thoracicum, ROSSI, Faun. Etr., t. 1, p. 41.

Long. 0,003 à 0,004; larg. 0,001 à 0,015.

Les 3 derniers articles des antennes très-allongés, presque 3 fois plus longs, pris ensemble, que le reste de l'antenne : les 8e et 9e sublinéaires ou légèrement rétrécis vers leur base : le *dernier* linéaire. *Yeux* très-saillants. *Tête* (y compris ceux-ci) un peu plus large que le prothorax. *Sommet du prothorax*, *élytres* et *ventre* d'un fauve testacé.

♀. *Les 3 derniers articles des antennes* allongés, 2 fois plus longs, pris ensemble, que le reste de l'antenne, sensiblement rétrécis vers leur base. *Yeux* médiocrement saillants. *Tête* (y compris ceux-ci) bien moins large que le prothorax. *Prothorax* entièrement noir. *Elytres* d'un fauve testacé obscur, avec la suture et les côtés ordinairement rembrunis, *Ventre* noir ou d'un noir de poix, plus ou moins roussâtre.

Corps allongé, revêtu d'une pubescence courte et d'un cendré jaunâtre; d'un noir subopaque sur la tête et sur le prothorax, d'un testacé un peu brillant et plus ou moins obscur sur les élytres.

Tête un peu oblongue, subverticale, un peu ressortie du prothorax; très-légèrement pubescente; densement et aspèrement ponctuée; d'un noir profond et peu brillant, avec les *parties de la bouche* roussâtres. *Front* légèrement convexe, obsolètement subcaréné en avant. *Yeux* assez grands, arrondis, plus (♂) ou moins (♀) saillants, noirs.

Antennes peu allongées, aussi longues (♂) ou plus courtes (♀) que la moitié du corps, très-finement pubescentes, d'un roux testacé, avec les 3 derniers articles un peu plus obscurs ; à 1er article oblong, assez fortement épaissi : le 2e à peine plus long que large, assez renflé : les 3e à 7e fortement contigus : le 3e oblong, subcylindrique, plus grêle mais pas plus long que le précédent : les 5e et 7e courts, sensiblement transversaux : le 6e un peu moins court que ceux entre lesquels il se trouve placé : les 3 derniers très-grands, plus épais que les précédents, sensiblement comprimés : le dernier un peu plus long que le 9e, obtusément acuminé à son sommet.

Prothorax transversal, d'un tiers moins long que large, sensiblement plus étroit que les élytres ; obliquement tronqué au sommet ; subrectiligne sur les côtés qui sont munis d'une tranche très-peu saillante, non réfléchie et plus ou moins interrompue postérieurement, avec les angles antérieurs obtus, légèrement arrondis, déjetés en arrière, un peu dilatés et à peine infléchis, et les postérieurs obtus, arrondis et non relevés ; obtusément tronqué ou largement arrondi à la base, avec le milieu de celle-ci faiblement sinué au devant de l'écussson ; légèrement convexe, non gibbeux sur son disque, subégal ou obsolètement ondulé sur les côtés, offrant sur son milieu un petit sillon très-fin, canaliculé, obsolète, le plus souvent à peine visible, quelquefois converti postérieurement en ligne lisse, subcarénée ; très-densement et aspèrement ponctué ; d'un noir profond et peu brillant, subopaque ; revêtu d'une très-courte pubescence jaunâtre, peu apparente.

Ecusson carré, subéchancré au sommet, finement pubescent, rugu-leux, opaque, d'un châtain assez clair (♂), souvent assez obscur (♀).

Elytres allongées, 5 fois plus longues que le prothorax, subparallèles sur leurs côtés, se retrécissant postérieurement après les deux tiers de leur longueur, obtusément arrondies au sommet ; légèrement convexes sur le dos ; d'un fauve testacé un peu brillant, plus (♀) ou moins (♂) obscur ; revêtues d'une pubescence très-courte, d'un cendré jaunâtre, très-densement et aspèrement, mais moins fortement ponctuées que le prothorax ; marquées sur les côtés de deux stries obsolètes, ponctuées, submarginales, et antérieurement d'une 3ᵉ, raccourcie en arrière et en avant, et seulement visible au milieu. *Epaules* assez saillantes, arrondies.

Dessous du corps légèrement convexe, très-finement pubescent, densement, très-finement et aspèrement ponctué, assez brillant, d'un noir de poix, avec le ventre plus (♂) ou moins (♀) roussâtre. *Prosternum* et *mésosternum* plans, densement et fortement ponctués. *Lame des hanches postérieures* graduellement rétrécie de dedans en dehors. 1ᵉʳ *segment ventral* subsinué au milieu de son bord apical : le 6ᵉ plus ou moins saillant, obtusément arrondi au sommet.

Pieds peu allongés, très-finement pubescents, d'un roux ferrugineux testacé. *Cuisses* légèrement renflées. *Tarses* assez allongés, étroits, latéralement comprimés ; à 1ᵉʳ article allongé : le 2ᵉ suballongé, beaucoup plus court que le précédent : le 3ᵉ obconique : le 4ᵉ assez profondément bilobé.

PATRIE : Les parties orientales de la France, le Bugey, les montagnes du lyonnais, sur les sapins.

LONGICORNES

NOUVEAUX OU PEU CONNUS

PAR

E. MULSANT ET CL. REY

Cerambyx nodosus.

Niger, nitidus, elytris posticè castaneis; antennarum articulis tertio et quarto apice nodosis, quinto subnodoso; pronoti zonâ mediâ irregulariter rugosâ, medio subcostato, lateraliter sulcato; elytris rugoso-punctatis, angulo suturali inermi prosterno posticè bilobato.

Long. 0,0360 à 0,0382 (16 à 17); larg. 0,0090 à 0,0100 (4 à 4 1/2).

♂. *Antennes* d'un quart plus longues que le corps; à 3ᵉ article d'un sixième plus long que le 4ᵉ : le 7ᵉ émoussé à son angle antéro-externe.

♀. *Antennes* aussi longues que les quatre cinquièmes du corps; à 3ᵉ article d'un tiers au moins plus long que le 4ᵉ : le 6ᵉ peu émoussé et assez vif à son angle antéro-externe.

Corps allongé; glabre ou à peu près, en dessus.

Tête noire; luisante et un peu obsolètement ponctuée sur le front; rayée, entre les antennes, d'une ligne médiane prolongée jusqu'au niveau du bord postérieur des yeux; rugueuse sur sa partie postérieure.

Antennes prolongées jusqu'aux quatre cinquièmes du corps (♀), ou d'un quart plus longues que lui; noires; à 1ᵉʳ article épais; fortement noueux, au moins aussi long que le 3e : celui-ci un peu moins court que le 4e et moins long que le 6e : le 4e un peu moins noueux : le 5e à peine; les autres, subgraduellement comprimés; subdentés chez le ♂.

Prothorax garni de cils jaunâtres, en devant et à sa base; tronqué au devant, bissinué à la base; à peu près aussi long sur son milieu que large à cette dernière; muni, vers le milieu de ses côtés, d'un tubercule épineux, et d'un autre moins saillant, entre ce dernier et chaque angle antérieur; chargé, en dessus, de trois plis transversaux en devant, dont l'intermédiaire incomplet, et de trois plis transversaux en arrière, dont l'antérieur anguleux dans son milieu; chargé sur sa zone médiane de plis irréguliers, mais creusé, entre les plis transversaux, antérieurs et postérieurs, de deux sillons longitudinaux, un peu divergents d'avant en arrière, séparés par une partie médiane saillante; noir, lisse, luisant.

Ecusson noir; en triangle un peu obtus, notablement plus large que long.

Elytres débordant la base du prothorax du tiers de la largeur de chacune; quatre fois environ aussi longues que lui; subgraduellement et médiocrement rétrécies; arrondies, prises ensemble à l'extrémité; sans épine à l'angle sutural, mais rectrangulaires à ce dernier; médiocrement convexes; noires à la base et graduellement d'un brun marron à l'extrémité; rugueusement ponctuées vers la première, simplement ponctuées postérieurement; offrant les traces d'une nervure longitudinale naissant de la fossette humérale.

Dessous du corps noir; brièvement pubescent sur la poitrine, presque glabre sur le ventre. *Prosternum* bissillonné; presque bilobé à l'extrémité. *Post-épisternum* marqué de cinq ou six points un peu obsolètes, sur leurs six cinquièmes postérieurs.

Pieds noirs, pubescents.

PATRIE : La Grèce et les environs de Smyrne (collection Pellet).

OBS. Cette espèce a quelque analogie avec le *Cerambyx miles*. Elle s'en éloigne par les proportions des articles des antennes; par ses élytres non émoussées à l'angle sutural; surtout par son prothorax offrant sur la zone médiaire un sillon longitudinal de chaque côté de sa partie médiane, entre les plis transversaux, et par son prosternum, comme bilobé à son extrémité, au lieu d'être relevé en pointe obtuse.

Elle s'éloigne de l'*Hammaticherus Welensii*, KÜSTER, par son corps sans pubescence apparente en dessus; par son prothorax creusé de deux sillons longitudinaux sur zône médiaire ; par ses élytres rétrécies d'avant en arrière, ni arrondies chacune à l'extrémité, ni accuminées à la suture, noires à la base; et enfin par sa taille.

Elle diffère enfin de l'*Hamm. carinatus*, KUSTER, par son corps non pubescent en dessus, par ses élytres non accuminées à la suture, plus fortement rugueuses, etc.

Callimus egregius.

Capite, pectore tibiisque posticis, nigris ; pronoto, femoribus, tibiis anticis et intermediis ventreque rufo-flavis ; elytris violaceis.

Long. 0,0078 (3 1/3) ; larg. 0,0015 (2/3).

♂. *Corps* allongé; planiuscule.

Tête noire; luisante; presque lisse; hérissée de poils cendrés longs et peu épais; rayée entre les antennes d'un court sillon longitudinal. *Labre* roussâtre.

Antennes à 3e article moins long que 1er, à peine aussi long que le 4e : le 5e le plus long : le 1er noir : les 2e, 3e, 4e et 5e, d'un roux fauve à la base, noirs en dessus dans leur seconde moitié : les six derniers bruns ou d'un brun roussâtre : les quatre premiers hérissés de poils en dessus, et surtout à leur extrémité : les deux suivants seulement à l'extrémité : les autres, glabres.

Prothorax un peu plus long sur sa ligne médiane que large à sa base; tronqué et rebordé en devant et à la base; anguleusement dilaté dans le milieu de ses côtés; lisse, luisant, mais marqué de points, constituant un cercle, prolongé depuis les deux cinquièmes de sa longueur jusqu'au rebord basilaire, couvrant un peu plus du tiers médiaire de sa largeur; subtuberculeux sur la partie enclose dans ce cercle; hérissé de longs poils d'un cendré livide; d'un roux flave, avec les rebords antérieurs et basilaires noirs.

Ecusson presque en demi-cercle; noir, revêtu de poils d'un brun cendré.

Elytres débordant la base du prothorax du tiers de la largeur de chacune; deux fois et demie à deux fois et trois quarts aussi longues que lui; subparallèles ou plutôt un peu en courbe rentrante à leur côté externe jusqu'au cinq sixièmes de leur longueur, arrondies chacun à l'extrémité; déhiscentes à la suture, presque depuis l'écusson; débordées par le pygidium; d'un violet métallique; rugueusement ponctuées; garnies de poils cendrés ou livides, moins allongés que ceux du prothorax, mi-couchés. *Pygidium* d'un roux flave, terminé en ogive; garni de poils noirs et obscurs.

Dessous du corps hérissé de poils cendrés; noir sur les parties pectorales; d'un roux flave, luisant et presque imponctué sur le ventre.

Pieds hérissés de poils livides et d'un cendré livide: *cuisses* en massue, d'un roux flave: quatre tibias antérieurs de même couleur, avec l'extrémité obscure: *tibias* postérieurs noirs: *tarses* postérieurs noirs: les autres, en partie obscurs, en partie d'un roux flave ou d'un roux fauve.

PATRIE: La Caramanie. (Collection Reiche).

OBS. Nous n'avons vu que le ♂. La ♀ offre sans doute aussi le 2e anneau du ventre conformé comme chez les deux autres espèces connues de ce genre.

Dorcadion Blanchardi.

Nigrum, pedibus rubro-testaceis, pubescentibus; capite posticè lineis duabus albo-tomentosis; pronoto nudo, rugoso profundè punctato; elytris oblongo-ovatis, fossulâ et carinâ humeralibus abbreviatis; nigro-tomentosis, suturâ, margine laterali, apicali breviter, lineâ humerali usque ad apicem prolongatâ, maculâque basali albis.

Dorcadion basale (Muséum de Paris).

Long. 0,0112 (5); larg. 0,028 (1 1/2).

Corps oblong ou suballongé.

Tête noire ; garnie en devant d'un duvet brun ; rayée d'une ligne médiane prolongée jusqu'au vertex ; parée d'une bande de duvet blanc ou blanc cendré de chaque côté de cette ligne, depuis le niveau de la base des antennes jusqu'au prothorax.

Antennes moins longues que le corps ; noires ; brièvement pubescentes.

Prothorax tronqué et presque sans rebord en devant et en arrière ; subsinué dans le milieu de son bord antérieur ; armé, de chaque côté, d'un fort tubercule ; transversal ; un peu moins large à la base qu'en devant ; médiocrement convexe ; noir ; glabre ; rugueusement et grossièrement ponctué.

Ecusson petit ; triangulaire ; noir, revêtu de duvet blanc.

Elytres un peu plus larges en devant que le prothorax à sa base ; près de quatre fois aussi longues que lui ; ovales oblongues ; médiocrement convexes ; offrant une arête et une fossette humérale étroite, à peine prolongées jusqu'au tiers de leur longueur ; noires, revêtues d'un duvet velouté noir ou d'un noir brun ; parées chacune d'une bordure couvrant le rebord externe, d'une bordure apicale très-étroite, d'une bordure suturale embrassant les côtés de l'écusson, graduellement et faiblement rétrécie jusqu'à l'angle sutural, où elle se lie à la bordure apicale, d'une bande longitudinale et d'une tache basilaire, formées de duvet blanc : la bande, naissant sur le calus huméral, prolongée, sur une largeur uniforme, jusqu'à l'extrémité, presque au milieu de la bordure apicale, presque aussi large que l'espace qui la sépare de la bordure externe : la tache basilaire, obtriangulaire, liée à la base et au côté interne de la base.

Dessous du corps noir, garni d'un duvet cendré.

Pieds d'un rouge testacé ; garni d'un duvet cendré.

PATRIE : La Perse (Muséum de Paris, collect. Pellet).

Nous avons dédié cette espèce à M. Blanchard, de l'Institut, professeur au Jardin des Plantes.

Dorcadion Pelleti.

Nigrum; capite anticè cinereo pulverulento, vertice pronotoque medio sulcatis, hoc punctis mediocribus, vix nigro-pubescenti, lateribus cinero-pulverulento. Elytris oblongo-ovatis, fossulâ humerali obsoletâ, nigro-pubescentibus, margine exteriori vittisque quatuor albis : internâ basali, abbreviatâ : quartâ, humerali, usque ad apicem prolongatâ : secundâ paululùm anticè et posticè abbreviatâ, basi apiceque cum præcedenti subconjunctâ : tertiâ abbreviatâ, inter secundam et quartam inclusâ.

Long. 0,0157 (7) ; larg. 0,0036 (1 2/3) à la base des élytres ; 0,0054 (2 2/5) au milieu des élytres.

Corps oblong ou suballongé.

Tête noire; obsolètement et densement pointillée et parsemée de points peu rapprochés, sur la partie antérieure du front, et garnie sur cette partie d'un court duvet cendré ; marquée de gros points assez rapprochés sur sa partie postérieure et rayée d'une ligne médiane depuis la base des antennes ; parée au côté interne de la base de celle-ci d'une tache de duvet brun.

Antennes prolongées environ jusqu'aux trois cinquièmes du corps ; noires, revêtues d'un duvet brun ; brièvement annelées de cendré à la base du 3e article et des deux ou trois suivants.

Prothorax tronqué et sans rebord, en devant ; tronqué et muni d'un rebord étroit et non saillant à la base ; transversal ; armé de chaque côté d'un tuberbule épineux ; creusé d'un sillon médiaire presque uniformément prononcé ; noir ; garni sur le dos d'un duvet brun, court, peu ou médiocrement apparent ; comme poudré de duvet cendré, sur les côtés, en dessous, et sur la ligne médiane ; marqué de points assez petits, près de cette dernière, graduellement plus gros près des côtés.

Ecusson en triangle à côtés rectilignes; au moins aussi long que large; garni de duvet cendré.

Elytres débordant, aux épaules, la base du prothorax du quart environ de la largeur de chacune; trois fois et demie environ aussi longues que lui ; émoussées aux épaules ; médiocrement convexes sur le dos ; presque sans fossette humérale et sans arête humérale ; noires, revêtues d'un duvet noir ; parées chacun d'une bordure externe et de quatre bandes longitudinales de duvet blanc : la bordure externe, laissant noir le rebord, étendue jusqu'au côté externe du calus, en devant, graduellement un peu rétrécie, et prolongée jusqu'à l'extrémité : les 1re, 2e et 4e bandes, naissant de la base : la 1re naissant vers le tiers interne, prolongée jusqu'aux deux cinquièmes de leur longueur, en se rapprochant un peu de la suture : les 2e et 4e unies en devant sur la fossette humérale à peine marquée : la 4e plus large aboutissant presque vers l'angle sutural, en formant une courbe sensible du côté externe : la 2e assez étroite, sensiblement courbée du côté interne, presque unie à la 4e, vers les cinq sixièmes de leur longueur, où elle se termine : la 3e la plus étroite, enclose entre la précédente, prolongée depuis le tiers ou un peu plus, jusqu'à un peu moins des deux tiers ; notées en outre de deux taches de duvet cendré, liées au côté interne de la 4e bande, un peu après le milieu de sa longueur.

Dessous du corps et *pieds* noirs, garnis d'un duvet cendré assez court.

PATRIE : Les environs de Smyrne (communiqué par M. Pellet, à qui nous l'avons dédiée).

Dorcadion interruptum.

Nigrum, antennarum articulo primo pedibusque rufis, pubescentibus ; capite pronotoque griseo-pubescentibus, hoc punctulato, levitèr medio sulcato. Elytris ovatis; carinâ et fossulâ humeralibus abbreviatis ; griseo-pubescentibus, lateribus cinereo-pubescentibus ; maculis juxta-suturalibus, maculâque magnâ post medium nigris ; lineis duabus longitudinalibus albis basi apiceque conjunctis : externâ in medio interruptâ : internâ maculam nigram dividente.

Long. 0,0157 (7); larg. 0,0051. (2 1/4) à la base des élytres; 0,0067 (3) vers la moitié de leur longueur.

Corps oblong.

Tête noire; obsolètement et densement pointillée et marquée de points peu rapprochés, à peine plus gros sur le vertex que sur la partie antérieure; revêtue d'un duvet d'un gris brun; rayée, depuis l'épistome jusqu'au vertex, d'une ligne médiane peu profonde,

Antennes prolongées environ jusqu'aux trois cinquièmes du corps; pubescentes; noires, avec le 1er article d'un rouge brun.

Prothorax presque sans rebord, tronqué ou légèrement arqué, en devant; muni d'un rebord peu saillant et un peu arqué en arrière, à la base; transversal; armé de chaque côté d'un tubercule épineux; noir; marqué de points médiocrement rapprochés; un peu plus gros que ceux de la tête; obsolètement et densement pointillé entre ceux-ci; garni d'un duvet d'un gris brun; rayé d'une ligne médiane, très-distincte sur la première moitié et plus profonde vers la moitié de sa longueur, obsolète postérieurement.

Ecusson en triangle subéquilatéral; revêtu d'un duvet blanc cendré; rayé d'une ligne médiane.

Elytres débordant, aux épaules, la base du prothorax, du tiers ou des deux cinquièmes de la largeur de chacune; quatre fois environ aussi longues que lui; ovales oblongues; arrondies aux épaules; médiocrement convexes; creusées d'une fossette humérale prononcée, prolongée en s'affaiblissant jusqu'au tiers ou un peu plus de leur longueur; pourvues d'une arête humérale à peine plus longuement prolongée; noires, mais revêtues d'un duvet gris brun; parées chacune d'une bordure externe, cendrée et de deux bandes longitudinales, blanches : la bordure externe, ne couvrant pas le rebord qui est d'un gris jaunâtre, étendue en devant jusqu'à l'arête humérale, graduellement rétrécie postérieurement : la bande externe, naissant sur la fossette humérale, interrompue depuis le tiers ou un peu plus jusqu'aux deux tiers et prolongée presque jusqu'à l'extrémité, où elle s'unit à la bande interne : celle-ci naissant aussi à la base, au côté interne de la fossette humérale, légèrement arquée du côté interne, postérieurement unie à la précédente, un peu plus près de l'angle sutural que du postéro-externe ; parées chacune d'une grosse tache noire, irrégulière, un peu obliquement transverse, paraissant couverte ou partagée presque par la moitié, par la bande blanche interne, couvrant des trois cinquièmes aux cinq septièmes de leur longueur, et du dixième interne, presque aux deux tiers de leur largeur, marquées à la base, sur la bordure et sur la bande externes de points râpeux graduellement affaiblis, et d'une rangée irrégulière de points un peu plus petits et non râpeux sur le tiers basilaire de la bande interne.

Dessous du corps noir : garni d'un duvet gris.

Pieds d'un rouge pâle, garnis d'un duvet cendré ; marqués de petits points dénudés.

PATRIE : Les environs de Constantinople (collection Pellet).

Dorcadion sparsum.

Nigrum, antennarum articulo primo, pedibusque rufis, pubescentibus ; capite pronotoque griseo-pubescentibus, hoc punctato ; elytris oblongo-ovatis, fossulâ et carinâ humeralibus abbreviatis, griseo-pubescentibus, dorso maculis atro-pubescentibus, subpunctiformibus usque post medium sparsis, juxtâ suturam subseriatis.

Long. 0,0135 (6) ; larg. 0,0142 (1 7/8) à la base des élytres ; 0,0052 (2 1/3) vers le milieu de celle-ci.

Corps suballongé.

Tête noire ; marquée, soit en devant, soit sur le vertex, de points médiocres et peu rapprochés ; garnie d'un duvet mélangé de brun et de cendré ; rayée d'une ligne médiane prolongée depuis l'épistome jusqu'au vertex.

Antennes prolongées à peine jusqu'au trois cinquièmes ; d'un rouge brun sur le 1er article, graduellement noires à l'extrémité ; garnies d'un duvet noir ou obscur.

Prothorax tronqué et muni d'un rebord étroit, en devant ; plus étroitement rebordé et un peu en angle très-ouvert et dirigé en arrière, à la base ; transversal ; armé de chaque côté d'un tubercule épineux ; médiocrement convexe sur le dos ; rayé d'un sillon médiaire peu profond ; uniformément marqué de points assez rapprochés ; noir, garni d'un duvet gris cendré.

Ecusson en triangle arrondi à son extrémité ; rayé d'une ligne médiane ; revêtu d'un duvet gris cendré.

Elytres débordant aux épaules la base du prothorax du quart au moins de la largeur de chacune ; quatre fois environ aussi longues que lui ; médiocrement convexes ; à fossette humérale médiocre ; subarrondies et sensiblement relevées aux épaules ; pourvues d'une arète humérale comprimée prolongée en s'affaiblissant jusqu'à la moitié de leur longueur ; noires, mais revêtues d'un duvet gris cendré, peu abondant en dehors de l'arête humérale, et dans la direction de la fossette jusqu'à la moitié de leur longueur, très-serré sur le reste, et parsemées, jusqu'aux deux tiers de leur longueur, de taches d'un duvet noir : ces taches en partie ponctiformes, mais formant par la réunion de plusieurs une sorte de rangée irrégulièrement longitudinale vers le quart ou tiers interne de leur largeur, et, vers la moitié de leur largeur, une tache ou courte bande, anguleuse en dehors, prolongé des trois cinquièmes aux deux tiers de leur longueur : marquées sur les parties peu duveteuses de points assez gros et rugueux près de la base, graduellement affaiblis ou peu apparents vers l'extrémité ; sans ponctuation apparente sur les parties densement couvertes de duvet.

Dessous du corps noir ; garni d'un duvet cendré ou cendré cerviné ; parsemé de petits points dénudés sur le ventre.

Pieds d'un rouge pâle ; garnis de duvet cendré ; parsemés de points dénudés.

PATRIE : Les environs de Constantinople (collection Pellet).

Dorcadion frontale.

Fuscum, antennarum articulo primo, pedibus que obscurè rufis; capite lineâ mediâ albâ et inter oculos plagis duabus fusco-pubescentibus externè albo-marginatis; pronoto rugoso-punctato, medio sulcato et albo-sulcato; elytris fossulâ humerali ultrà medium prolongatâ, carinâ humerali breviore, apice vittâ suturali lineisque duabus anticè abbreviatis cinereo-pulverulentis.

Long. 0,0270 (12); larg. 0,0067 (3).

Corps suballongé.

Tête brune; rayée d'une ligne médiane très-marquée, prolongée depuis l'épistome jusqu'au vertex; ornée, vers le côté interne de chaque antenne, d'une sorte de plaque triangulaire, recouverte d'un duvet brun, rétrécie d'arrière en avant et prolongée presque jusqu'à l'épistome; parée d'une bande longitudinale médiane divisée par la raie médiane, partagée à sa partie antérieure en deux branches, dont chacune recourbée en dehors, borde le côté externe de chacune des plaques précitées; rugueusement ponctuée de chaque côté du vertex.

Antennes prolongées à peine au delà de la moitié de la longueur du corps; pubescentes; à 1er article d'un rouge roux foncé: les autres, noirs.

Prothorax sans rebord en devant, et tronqué avec une faible sinuosité dans le milieu de son bord antérieur; tronqué et muni d'un faible rebord à la base; transversal; orné de chaque côté d'un tubercule épineux; brun; rugueusement ponctué; glabre, avec le bord antérieur comme poudré de duvet blanc cendré; et parée d'une bande longitudinale médiane de duvet pareil, un peu élargi d'avant en arrière, un peu moins large à la base que l'écusson, et divisé, au moins de la moitié aux quatre cinquièmes de sa longueur par une raie médiane.

Ecusson presque en demi-cercle, ou en triangle à côtés curvilignes, plus large que long; brun, revêtu d'un duvet blanc cendré.

Elytres subarrondies aux épaules et débordant au côté externe de celles-ci la base du prothorax d'un tiers environ de la largeur de chacune; quatre à cinq fois aussi longues que lui; oblongues, graduellement et médiocrement élargies dans leur milieu; convexes; peu saillantes aux épaules; creusées d'une fossette humérale de profondeur médiocre, prolongée en s'affaiblissant graduellement presque jusqu'à la moitié de leur longueur; rugueusement ponctuées à la base et marquées de points plus petits et tres-affaiblis vers l'extrémité; brunes, comme poudrées sur leur quart ou tiers postérieur d'un duvet cendré ou gris cendré, très-court couvrant le repli et formant une bordure externe assez large, constituant, sur chaque élytre, une bordure suturale plus large chacune que la base de l'écusson, et constituant deux bandes longitudinales raccourcies en devant: l'externe, dans la direction de la fossette humérale: l'interne dirigée vers les trois cinquièmes de la base, dans une sorte de sillon à peine prononcé.

Dessous du corps brun, garni d'uu duvet cendré ou cendré roussâtre; parsemé sur le ventre de petits points dénudés.

Pieds d'un rouge roux foncé ou brunâtre, finement ponctués; garnis de duvet cendré jaunâtre, plus épais et plus apparent sous les cuisses, roux sur l'arête inférieure des tibias, et sur la supérieure des tibias intermédiaires et sous les tarses.

PATRIE : Les environs de Constantinople (collection Pellet).

Dorcadion segne.

Nigrum, suprà fusco-pubescens, fronte cinereruscente; vertice pronotoque lineà medià albà; elytris fossulà humerali angustà usque ad medium prolongatà, carinà humerali breviori, lateribus lineisque duabus albis : externa è fossulà nascente apicem attingente : internà posticè subabbreviatà, cum præcedenti subconjunctà.

Long. 0,0157 (7); larg. 0,0042 (1 7/8) à la base des élytres; 0,0048 (2 1/8) vers le milieu de celles-ci.

Corps suballongé.

Tête noire ; parsemée sur le front de points rapprochés, rugueusement ponctuée sur sa partie postérieure ; revêtue sur sa partie antérieure d'un duvet gris cendré ou cerviné, passant au cendré ou blanc sale sur ses joues, et sur la bordure des yeux, peu abondant sur le milieu de la partie postérieure, et noir ou à peu près gris sur les côtés de celle-ci ; rayé d'une ligne médiane assez légère, prolongée depuis l'épistome jusqu'au vertex.

Antennes prolongées jusqu'aux trois cinquièmes du corps ; pubescentes ; noires, annelées de cendré à la base du 3e article et de quelques-uns des suivants.

Prothorax tronqué et à peine rebordé en devant ; muni d'un rebord aplati, et en angle très-ouvert et dirigé en arrière, à la base ; armé de chaque côté d'un tubercule épineux ; plus étroit en arrière qu'en avant ; presque aussi long sur son milieu que large à sa base ; médiocrement convexe ; noir, revêtu d'un duvet brun, avec le bord antérieur, le basilaire et la base des tubercules garnis d'un court duvet blanc sale ; paré d'une ligne médiane étroite de duvet pareil ; rayé d'une ligne médiane ; déprimé sur le milieu de celle-ci ; ponctué vers les côtés, presque imponctué sur le dos.

Ecusson rétréci d'avant en arrière ; tronqué à l'extrémité ; revêtu d'un duvet blanc sale.

Elytres en ovale oblong ; médiocrement convexes sur le dos ; sans fossette humérale bien marquée ; offrant à peine un commencement d'arête humérale ; noires, revêtus d'un duvet brun, court ; marqués de points assez petits ; parées chacune de trois bandes longitudinales naissant de la base, et formées d'un duvet d'un blanc sale : l'externe, laissant intact le rebord, étendue en devant jusqu'à l'arête humérale, graduellement uu peu rétrécie : l'interne, naissant vers les trois cinquièmes à partir de la suture, étroite, prolongée jusqu'aux sept huitièmes de leur longueur, marquée d'une rangée irrégulière de points : l'intermédiaire, naissant de la fossette humérale, près d'une fois aussi large que l'interne, sur la moitié antérieure de sa longueur, dirigée vers l'angle sutural, et prolongée jusqu'à l'extrémité, vers laquelle elle se renfle un peu, marquée de deux rangées irrégulières de points sur sa première moitié et d'une rangée sur la seconde.

Dessous du corps et *pieds* noirs, garnis d'un duvet luisant, gris, ou gris jaunâtre, à certain jour.

PATRIE : Les environs de Smyrne (Collection Pellet).

Dorcadion Hampii.

Nigrum, capite pronotoque cinereo-pubescentibus : hoc punctato, sulcis tribus, lateralibus anticè abbreviatis; elytris fossulâ et carinâ humeralibus ultrà medium prolongatis, sulcisque duobus subobsoletis, suturâ margineque albo-pubescentibus, sulcis fossulâque pube cinerascenti interruptâ vestitis.

Long. 0,0135 (6) ; larg. 0,0036 (1 2/3) à la base des élytres ;
0,0045 (2) vers le milieu de celles-ci.

Corps oblong ou suballongé.

Tête noire ; garnie ou revêtue d'un duvet blanc cendré ou cendré fauve ; rayée sur le front d'une ligne médiane à peine prolongée jusqu'au vertex.

Antennes prolongées jusqu'aux trois cinquièmes ou un peu plus du corps ; noires, garnies de duvet cendré.

Prothorax tronqué et à peu près sans rebord, en devant ; tronqué et rebordé à sa base ; plus étroit à celle-ci qu'en devant ; plus large à la base que long sur la ligne médiane ; armé vers le milieu de chacun de ses côtés d'un tubercule épineux ; convexe ; marqué de points médiocres et rapprochés ; sillonné assez largement sur la ligne médiane, et creusé, de chaque côté de celle-ci, sur la seconde moitié de sa longueur, d'un sillon aussi large, dont le côté externe est relevé en saillie, un peu après le niveau des tubercules latéraux ;

noir, garni ou revêtu de duvet d'un cendré fauve ou testacé, principalement dans les sillons.

Ecusson en triangle à côtés rectilignes; au moins aussi long que large.

Elytres débordant la base du prothorax du tiers de la largeur de chacune; trois fois et demie aussi longues que lui; subarrondis aux épaules ovales-oblongues; médiocrement convexes sur le dos; pourvues d'une arête humérale prolongée, en s'affaiblissant, jusqu'au deux tiers environ; creusées d'une arête humérale prolongée jusqu'au même point, et, entre le large sillon de cette fossette et la suture, de deux autres sillons assez larges, mais plus faibles, séparés par des côtes peu sensibles; ruguleuses près de la suture, marquées de points un peu superficiels sur le reste; noires, avec les rebords sutural et externes revêtus d'un duvet blanc; ornés sur chacune de quatre bandes longitudinales de duvet d'un cendré jaunâtre; l'une couvrant tout l'espace en dessus de l'arête humérale : chacune des autres sur les sillons, ordinairement interrompues. *Dessous du corps* et *pieds* noirs, garnis de duvet cendré jaunâtre.

PATRIE : La Perse (collection Pellet).

Dorcadion infernale.

Nigrum, suprà nudum; capite pronotoque rugoso-punctatum, vittâ mediâ levigatâ; elytris oblongo-ovatis, fossulâ humerali obsolete carinâque humerali antè medium abbreviatis, punctatis, punctis posticè levioribus; pygidio rufo.

Long. 0,0135 (6); larg. 0,0033 (1 1/2) à la base des élytres;
0,0045 (2) au milieu de celles-ci.

Corps suballongé.

Tête noire; marquée de points inégaux, plus gros et plus rapprochés sur sa partie postérieure que sur l'antérieure; rayée d'une ligne médiane prolongée depuis l'épistome jusqu'au vertex; glabre, hérissée de poils noirs sur l'épistome.

Antennes prolongées jusqu'aux deux tiers environ du corps ; noires ; brièvement pubescentes.

Prothorax sans rebord, tronqué et sensiblement entaillé ou échancré dans le milieu de son bord, en devant ; étroitement rebordé et tronqué, à la base ; plus étroit à celle-ci qu'à son bord antérieur ; armé de chaque côté d'un tubercule épineux ; transversal ; noir, glabre ; assez grossièrement ponctué avec une bande longitudinale lisse, sur la ligne médiane.

Ecusson en triangle assez étroit, pointu ; noir, imponctué, presque caréné.

Elytres un peu plus larges en devant que le prothorax à sa base ; quatre à cinq fois aussi longues que lui ; arquées en arrière, prises ensemble, à la base, avec l'angle huméral un peu en angle dirigé en avant ; ovales-oblongues, à épaules non relevées, mais offrant une arète humérale prolongée jusqu'au quart de leur longueur, presque sans traces de fossette humérale ; noires ; glabres ; marquées de points médiocrement rapprochés, assez profonds près de la base, affaiblis à l'extrémité. *Pygidium* d'un roux brun.

Dessous du corps et *pieds* noirs ; finement ponctués ; dessous des cuisses pubescent.

PATRIE : La Perse (Collection Pellet).

Leiopus constellatus.

Corpus suprà fuscum, pube cinerascenti vestitum ; antennis fuscis, albo-annulatis ; elytris punctulatis, maculis punctiformibus sparsis ; femoribus basi pallidis ; tibiis cinereo-annulatis.

♂. ?

♀. Dernier arceau du ventre aussi long que les deux précédents réunis.

Long. 0,0078 à 0,0081 (3 1/2 à 3 2/3) ; larg. 0,0018 (7/8).

Corps oblong ou suballongé ; médiocrement convexe.

Tête brune, revêtue d'un duvet cendré jaunâtre ; creusée d'un sillon longitudinal médiaire.

Antennes à 1er et 2e articles bruns : les suivants annelés de testacés à la base; brunes postérieurement.

Prothorax tronqué et muni d'un rebord étroit et aplani, en devant et à la base ; plus large que long ; armé de chaque côté d'un tubercule terminé par une épine un peu dirigée en arrière ; médiocrement convexe, brun, uni, revêtu d'un duvet court d'un cendré jaunâtre ; marqué de petits points ; rayé d'une légère ligne médiane ; creusé d'un sillon transversal au devant du rebord basilaire.

Ecusson aussi long qu'il est large à la base ; rétréci d'avant en arrière, tronqué à l'extrémité ; brun, revêtu d'un duvet cendré.

Elytres quatre fois au moins aussi longues que le prothorax ; subparallèles jusqu'à la moitié, médiocrement rétrécies ensuite en ligne courbe jusqu'à leur partie postéro-externe, tronquées à leur extrémité ; médiocrement convexes, brunes, mais revêtues d'un duvet cendré jaunâtre ; marquées sur leur moitié antérieure de points médiocres, affaiblis et moins apparents postérieurement ; ornées de mouchetures ou taches ponctiformes brunes, peu rapprochées sur leur moitié antérieure, plus nombreuses et souvent contiguës sur leur seconde moitié : rebord sutural alterné de brun et de cendré sur ses deux tiers postérieurs.

Dessous du corps brun, revêtu d'un duvet gris ou gris cendré.

Pieds : *Cuisses* revêtues d'un duvet cendré ; d'un testacé pâle à la base, à massue brune, mais paraissant grise par l'effet du duvet. *Tibias* bruns, annelés de testacé pâle entre la base et la moitié de leur longueur. *Tarses* bruns, avec la base du 1er article pâle.

PATRIE : Les environs de Batoum (collection Reiche).

Leiopus nebulosus.

Il n'est peut-être pas de Lamien dont le dessin des élytres varie autant que celui du *L. nebulosus*. Les étuis présentent, entre le quart et la moitié de la longueur, une bande transversale d'un blanc cendré, marquée de quelques points bruns ou noirs, et suivie d'une bande transversale de l'une de ces dernières couleurs et bilobée en devant, et la partie postérieure de cette bande, et le quart antérieur sont plus ou moins marqués de taches ponctiformes brunes ou noires. On distingue ordinairement, en outre, deux lignes blanches souvent interrompues et plus ou moins raccourcies postérieurement, paraissant représenter deux nervures non saillantes, naissant : l'une, au côté interne du calus huméral, l'autre, au côté interne de la fossette humérale. Du huitième au quart de la longueur des étuis, se montre une assez grosse tache brune ou noire, au côté externe de la ligne naissant du calus.

Quand la matière colorante a fait défaut, cette tache est plus restreinte et visiblement formée de la réunion de taches ponctiformes, et le reste de ce quart basilaire ne présente que des taches ponctiformes en nombre variable. La bande transversale d'un blanc cendré montre cinq points bruns sur le rebord sutural, quatre ou cinq irrégulièrement disposés sur la moitié interne de sa largeur, et ordinairement deux à quatre sur sa moitié externe. La bande transversale brune est moins développée dans le sens de sa longueur, interrompue ou presque interrompue dans son milieu, et ne s'étend pas jusqu'au rebord sutural. La partie postérieure est marquée de taches ponctiformes isolées les unes des autres.

Quand, au contraire, la matière colorante noire a abondé davantage, les taches ponctiformes du quart antérieur, en se réunissant, constituent souvent une tache sur la fossette humérale, une autre après l'écusson ou même vers leur partie postéro-interne, en se prolongeant plus en arrière dans ce point, ou d'autres fois, plus développées, couvrent presque entièrement de leur couleur brune le quart basilaire des étuis. La bande transversale, d'un blanc cendré, ne montre ordinairement alors point de taches ponctiformes sur sa moitié externe. La bande transversale brune est plus développée dans tous les sens, et les points bruns de la partie postérieure se réunissent pour constituer diverses taches plus ou moins grosses.

Nous avons vu dans diverses collections, ces variations par excès indiquées sous le nom de *L. punctulatus*, PAYKULL. Pour éclairer à cet égard les entomologistes qui ne connaissent pas cette espèce boréale, assez rare, nous allons en reproduire la description.

Leiopus punctulatus;

Niger, opacus; elytris apice obtusè truncatis, fasciâ antè medium apiceque albido-pubescentibus, punctis majoribus nigris adspersis : fasciâ extorsum breviore, punctis tribus suturalibus et serie transversali posticâ notatâ : apice punctis quatuor subquadratim dispositis.

Long. 0,0067 (3); larg. 0,0017 (4|5) à la base des élytres.

Corps oblong ou suballongé.

Tête noire à peine pointillée et peu garnie d'un duvet cendré, en devant, presque glabre et imponctuée postérieurement; concave entre les antennes, rayée d'une ligne transversale profonde après celles-ci; presque sans traces de ligne médiane.

Antennes de moitié au moins plus longues que le corps; noires, annelées de cendré à la base du 3e article et des suivants.

Prothorax tronqué et garni d'un rebord mince en devant, tronqué et muni d'un rebord plus épais à la base; armé d'un tubercule épineux vers les trois cinquièmes de ses côtés; transversal; médiocrement convexe; creusé d'un sillon transversal au devant du rebord basilaire; noir; pointillé; garni d'un duvet court et cendré; offrant les faibles traces d'une ligne médiane.

Ecusson noir; plus large que long; presque carré, arqué en arrière à son bord postérieur.

Elytres débordant la base du prothorax du tiers de la largeur de chacune; près de quatre fois aussi longues que lui; subparallèles jusqu'aux deux tiers, faiblement rétrécies ensuite en ligne un peu courbe ; obtusément tronquées chacune à l'extrémité ; peu convexes sur le dos ; à fossette humérale médiocrement prononcée ; marquées de points à peine moins petits que ceux du prothorax et médiocrement rapprochés ; d'un noir presque mat, parées de deux bandes de duvet d'un blanc cendré, notées de points noirs, dénudés, gros, arrondis, irrégulièrement et peu rapprochés : la bande antérieure cendrée couvrant les étuis, depuis le cinquième jusqu'à la moitié de leur longueur, c'est-à-dire offrant, au cinquième de leur longueur, son bord antérieur étendu en ligne transversale droite jusqu'aux trois cinquièmes de leur largeur, où la bande est raccourcie brusquement jusqu'au tiers de leur longueur ; de ce point, son bord antérieur s'étend d'une manière un peu obliquement transversale, c'est-à-dire en s'avançant un peu : le bord postérieur est sinué près de chaque bord externe : cette bande cendrée est ordinairement marquée de trois points noirs situés sur la suture et communs aux deux étuis et de six autres points sur chaque élytre, savoir : un, en quinconce avec les 1er et 2e de la suture : cinq, constituant avec le 3e sutural et leurs pareils, une rangée transversale en arc dirigée en arrière, voisine du bord postérieur de cette première bande : la bande postérieure, couvrant le cinquième postérieur des étuis, ordinairement marquée, sur chaque élytre, de quatre points noirs, disposés presque en carré.

Dessous du corps noir, garni d'un duvet court et cendré.

Pieds noirs, brièvement garnis d'un duvet cendré court et peu épais : tibias annelés de duvet blanc cendré : tarses garnis de duvet pareil.

PATRIE : Le nord de l'Europe. (Envoi de M. Bohéman.)

Exocentrus signatus.

Fuscus ; pronotum griseo-pubescens, medio pube in carinam subelevato, punctis duobus denudatis nigris ; scutello latiore ; elytris pube cinereâ vestitis, punctis denudatis sparsis aut subseriatis, post medium vittâ transversali fuscâ è maculis duabus conjunctis, internâ paululùm anteriore.

Long. 0,0064 (2 7[8); larg. 0,0022 (1) à la base des élytres.

Corps oblong; médiocrement convexe.

Tête brune; garnie d'un duvet gris cendré; hérissée de poils obscurs; rayée d'une ligne médiane, ne dépassant pas le niveau du bord postérieur des yeux.

Antennes un peu plus longues que le corps; ciliées; brunes ou d'un brun fauve, annelées de duvet cendré à la base du 3e article et des suivants.

Prothorax tronqué et à peine rebordé en devant; tronqué ou à peine arqué en arrière, et muni d'un rebord peu saillant, à la base; de deux tiers plus large que long; armé vers les trois cinquièmes de ses côtés d'un tubercule épineux dirigé en arrière; plus étroit à la base qu'en devant; médiocrement convexe; transversalement déprimé ou sillonné au devant de la base, et peu après le bord antérieur; brun, garni d'un duvet gris ou gris cendré, plus épais et relevé en forme de carène sur la ligne médiane; marqué, entre cette ligne et chaque bord latéral, de deux petits points dénudés, longitudinalement disposés: l'un, presque au tiers; l'autre, un peu après les deux tiers de sa longueur.

Ecusson presque en demi-cercle, plus large que long; revêtu d'un duvet cendré.

Elytres débordant la base du prothorax du tiers ou des deux cinquièmes de la largeur de chacune; quatre fois au moins aussi longues que lui; subsinueusement parallèles jusqu'aux deux tiers, rétrécies ensuite en ligne courbe; subarrondies (prises ensemble) à l'extrémité, non émoussées à l'angle sutural; médiocrement convexes; brunes; parées, après la moitié, d'une bande transversale brune, presque dénudée entaillée en devant et en arrière; paraissant formée de deux taches ovalaires accolées: l'interne, couvrant des quatre septièmes aux trois quarts de leur longueur: l'externe, un peu moins avancée et un plus postérieure; uniformément revêtues sur le reste de leur surface d'un duvet cendré blanc, parsemé de points dénudés, sérialement disposés, du milieu de chacun desquels naît un poil noir, hérissé, un peu dirigé en arrière. *Dessous du corps* brun, pubescent.

Pieds pubescents; bruns ou d'un brun fauve, avec la massue des cuisses noirâtres.

PATRIE : Les environs de Constantinople (collection Pellet).

OBS. Cette espèce se rapproche de l'*E. punctipennis*, MULS. et GUILLEBEAU; mais elle en diffère par sa taille plus avantageuse; par les quatre petits points dénudés, situés, deux de chaque côté, sur le prothorax; par son écusson plus large que long, sans trace de ligne médiane dénudée; par sa bande brune, offrant la tache interne plus avancée que l'externe; par les points dénudés moins nombreux et plus petits.

Mallosia Scowitsii, FALDERMANN.

Corps allongé; planiuscule; noir ou brun, mais revêtu d'un duvet long, épais, assez grossier et d'un blanc sale et jaunâtre, sur le devant de la tête, le prothorax, l'écusson, la base du côté externe des élytres, le dessous du corps et les pieds. Elytres obliquement échancrées à l'extrémité; à rebord sutural aplani, large, noir pubescent; noires glabres et rugueusement ponctuées à la base et près de la suture et jusqu'au tiers, d'un rouge violacé, et marquées de gros points, sur le reste; parées sur cette partie de trois bandes longitudinales de duvet jaunâtre : la médiane, entière : les deux autres formées de mouchetures en parties ponctiformes.

Saperda Scowtzii, FALDERMANN. Faun. Transcaucas, tome 2, p. 284, 497, pl. IX, fig. 5.

Phytœcia annulipes.

Nigra, nigro-coerulescenti pubescens, verticè lineis duabus et pronoto vittâ longitudinali mediâ pubescenti-albidis. Scutello albo. Elytris obtusè truncatis, punctatis; femoribus anticis apice flavis, aliis flavo-annulatis; tibiis anticis flavis, aliis basi tantùm flavis.

♂. ?

♀. Pigidium d'un noir ardoisé et garni de duvet cendré, sur sa partie apparente; d'un roux orangé, sur sa partie voilée par les élytres.

Long. 0,0072 (3 1/4); larg. 0,0015 (2/8).

Corps allongé.

Tête noire ou d'un noir bleuâtre; densement, ponctuée; hérissée de poils obscurs; parée sur le vertex de deux bandes de duvet cendré, peu séparées entre elles ou presque confondues. *Yeux* noirs; profondément échancrés.

Antennes aussi longuement prolongées que le corps; subfiliformes, un peu plus épaisses dans leur seconde moitié que sur les articles trois à cinq; peu ciliées en dessous : à 1er article noir : les suivants bruns.

Prothorax tronqué et à peu près sans rebord en devant et à la base; subcylindrique ou plutôt légèrement renflé dans le milieu de ses côtés, et subsinueusement rétréci près de la base; un peu moins long que large; d'un noir bleuâtre; densement marqué de points ronds, à peine moins petits que ceux de la tête; hérissé comme celle-ci de poils obscurs; paré sur la ligne médiane d'une bande longitudinale de duvet blanc ou blanc cendré aussi large que l'écusson.

Ecusson près d'une fois plus large que long; parallèle sur les côtés, arqué en arrière postérieurement; revêtu d'un duvet blanc ou blanc cendré.

Elytres quatre fois environ aussi longues que le prothorax; parallèles jusqu'aux trois quarts, faiblement rétrécies ensuite; tronquées à l'extrémité en ligne à peu près transverse, avec les angles postéro-externe et sutural émoussés; planes sur leur moitié interne; d'un noir bleuâtre ou ardoisé; marquées de points un peu plus petits que ceux du prothorax; hérissées, surtout en devant, de poils obscurs; garnies d'un duvet fin, concolore, couché, peu serré, peu apparent; chargées chacune de deux faibles nervures, naissant :

l'interne, dans la direction du côté interne du calus huméral, raccourcie à ses extrémités : l'externe naissant au côté externe du calus, prolongée presque jusqu'à l'extrémité.

Dessous du corps d'un noir bleuâtre ou ardoisé; pointillé; garni d'un duvet court.

Pieds garnis d'un duvet semblable; d'un noir bleuâtre ou ardoisé : seconde moitié des cuisses antérieures, un anneau, près du genou, sur les autres cuisses, jambes de devant, moins l'extrémité, et base des autres jambes, d'un jaune orangé.

PATRIE : La Caramanie (collect. Reiche).

Phytœcia manicata (REICHE).

Nigra, nigro-cœruleo pubescens, scutello albido, femoribus anticis apice tibiisque anticis flavis; pronoto longiore, densè punctato; elytris obliquè truncatis subseriatim punctatis.

Phytœcia manicata, Reiche, Mss.

Long. 0,0061 à 0,0067 (2 3/4 à 3); larg. 0,0013 (3/5).

Corps allongé.

Tête noire; garnie d'un duvet ardoisé court; hérissée de poils obscurs; densement et finement ponctuée.

Antennes aussi longues ou un peu plus longues que le corps; filiformes; noires, revêtues d'un court duvet ardoisé.

Prothorax tronqué et sans rebord, en devant; tronqué et muni d'un rebord étroit et peu saillant à la base; subcylindrique, rétréci dans sa seconde moitié; aussi long (♀) ou plus long (♂) que large; marqué de points ronds et presque contigus; revêtu d'un duvet ardoisé; parfois orné au devant de l'écusson d'une courte bande de duvet blanc cendré; hérissé de poils obscurs.

Ecusson revêtu de duvet blanc cendré.

Elytres quatre fois environ aussi longues que le prothorax; parallèles ; obliquement échancrées à l'extrémité ; planiuscules longitudinalement sur leur moitié interne, offrant de faibles traces d'une nervure longitudinale sur les limites externes de cette partie aplanie ; revêtues d'un duvet ardoisé ; hérissées de poils obscurs, peu apparents ; marquées de points presque sérialement disposés.

Dessous du corps et *pieds* revêtus d'un duvet ardoisé : seconde moitié des cuisses de devant, et tibias antérieurs, d'un jaune orangé.

Patrie : La Syrie (collection Reiche).

Phytœcia fuscicornis (Reiche).

Nigra, cœrulescenti pubescens ; capite anticè cinereo; antennis fuscis ; scutello albo ; femoribus apice, tibiis que anticis flavis ; pronoto densè punctato ; elytris obtusè et obliquè truncatis, punctatis.

Phytœcia fuscicornis, Reiche, Mss.

Long. 0,0081 à 0,0090 (3 2/3 à 4) ; larg. 0,0017 (3/4).

Corps allongé ; d'un noir bleuâtre, en dessus.

Tête densement et assez finement ponctuée ; couverte sur sa partie antérieure, y compris l'épistome ; d'un duvet cendré assez épais.

Antennes un peu plus longuement prolongées que le corps; cylindriques ; brièvement pubescentes ; d'un noir bleuâtre sur les trois premiers articles, brunes sur les autres : le 3e, le plus long.

Prothorax tronqué et à peine rebordé en devant et à la base ; subparallèle sur le premier tiers, un peu rétréci ensuite, et d'une manière subsinuée près des angles postérieurs : convexe ; couvert de points arrondis, moins petits que ceux de la tête ; offrant à peine les traces d'une raie médiane légèrement saillante ; d'un noir bleuâtre ; hérissé de poils obscurs.

Ecusson revêtu d'un duvet blanc.

Elytres quatre fois au moins aussi longues que le prothorax ; subparallèles ; un peu obtusément et peu obliquement tronquées chacune à l'extrémité ; planiuscules sur leur moitié interne ; ponctuées ; chargées chacune de deux faibles nervures : l'une au côté externe, l'autre au côté interne du calus huméral ; d'un noir bleuâtre ; hérissées de poils obscurs, mi-couchés.

Dessous du corps et *pieds* d'un noir bleuâtre : dernier tiers de toutes les cuisses et jambes de devant, d'un jaune orangé.

PATRIE : La Grèce, les environs de Constantinople (collections Reiche, Pellet).

Vesperus flaveolus.

♂. *Flaveolus; capite post oculos subpararellelo, posticè rotundato; pronoto longiori, anticè emarginato, angustiori, subgradatim usquè ultrà medium dilatato, dein subparallelo. Oculis subtransversis; antennarum articulo tertio sequentibus subæquali; elytris livido-flaveolis abdomen tegentibus, substriolatis.*

♀. *Flaveolus; capite curvatim post oculos angustato, posticè rotundato; oculis subtransversis; antennis gracilioribus, articulo tertio, quinto et præsertim quarto longiori; prothorace anticè angustiori, lateribus arcuatis; elytris ferè ab scutello dehiscentibus, apice truncatis, vix marginem posticum segmenti primi ventris attingentibus, lineis 4 vel 5 elevatis.*

Long. 0,0168 (7 1/2) ; larg. 0,0033 (1 1/2).

♂. *Corps* allongé ; entièrement blond en dessus.

Tête obsolètement pointillée ; rayée d'une ligne médiane peu marquée ; un peu rétrécie en ligne courbe après les yeux, et obtusément arrondie à sa partie postérieure ; parcimonieusement pubescente.

Mandibules noires à l'extrémité. *Palpes* blonds.

Yeux noirs ou presque d'un gris de plomb ; transverses, obtusément tronqués en devant et à peine échancrés, obtusément arrondis postérieurement.

Antennes d'un cinquième environ plus longuement prolongées que le corps ; blondes ; subfiliformes ; comprimées à partir du 3e article :

le 1er épais, à peine plus long que la moitié du 3e : celui-ci et les deux suivants presque égaux : les 8e, 9e et 10e, un peu avancés en forme de dent au côté externe de leur extrémité : le 11e appendicé.

Prothorax entaillé dans le milieu de son bord antérieur ; élargi en ligne courbe, peu régulière jusqu'aux deux tiers de sa longueur, subparallèle ensuite ; tronqué et muni d'un rebord étroit à la base : d'un cinquième moins large à cette dernière que long sur sa ligne médiane ; médiocrement convexe ; transversalement déprimé après le bord antérieur jusqu'au tiers ou deux cinquièmes de sa longueur ; obsolètement pointillé ; blond ; garni de poils concolores peu serrés et peu apparents.

Ecusson blond ; presque carré, obtusément arrondi postérieurement ; peu pubescent.

Elytres débordant la base du prothorax des trois cinquièmes de la largeur de chacune ; quatre fois aussi longues que lui ; subparallèles, ou plutôt faiblement et subsinueusement rétrécies jusqu'au cinq sixièmes de leur longueur, en ogive à l'extrémité ; voilant l'abdomen ; planiuscules sur le dos ; blondes ; légèrement ponctuées ; chargées chacune de deux ou trois nervures, ou obsolètement striées après la moitié de leur longueur : les nervures ou striées non prolongées jusqu'à l'extrémité.

Dessous du corps et *pieds* blonds ; garnis de poils fins et courts.

Long. 0,0225 (10) ; larg. 0,0045 (2).

♀. *Corps* allongé ; entièrement blond ou d'un blond flave en dessus.

Tête analogue à celle du ♂, mais un peu plus sensiblement rétrécie après les yeux. Ceux-ci comme chez le ♂.

Antennes prolongées à peine jusqu'aux trois quarts de la longueur du corps ; blondes ; filiformes ; grêles ; à 3e article sensiblement plus long que le 5e et surtout que le 4e : les 8e, 9e et 10e tronqués en ligne droite à l'extrémité : le 11e appendicé. *Prothorax* entaillé dans le milieu de son bord antérieur ; étroitement et faiblement rebordé en devant; élargi en ligne courbe jusqu'aux deux tiers de sa longueur, subparallèle ensuite; tronqué et étroitement rebordé à la base; d'un cinquième au moins plus large à celle-ci que long sur sa ligne médiane; d'un blond flave; finement et un peu obsolètement ponctué; presque glabre.

Ecusson presque en parallélipipède transversal, obtusément arrondi à l'extrémité; sillonné sur sa ligne médiane; d'un blond flave.

Elytres débordant la base du prothorax des deux cinquièmes de la largeur de chacune; un peu moins longuement prolongées que le premier arceau ventral; arquées sur les deux tiers antérieurs de leur côté extérieur; en ligne courbe et déhiscente à la suture presque depuis l'écusson; assez brièvement et un peu obliquement tronquées de dehors en dedans, à leur extrémité, correspondant au calus huméral; convexes; blondes; presque glabres; ruguleuses; un peu obsolètement ponctuées; chargées chacune de quatre ou cinq nervures non prolongées jusqu'à l'extrémité; laissant à découvert la majeure partie du dos de l'abdomen.

Dessous du corps et *pieds* blonds ou d'un blond flavescent; garnis de poils concolores fins et peu serrés.

PATRIE : Les environs de Coléah (Algérie) (collection Reiche).

OBS. Le ♂ se distingue du *Vesperus strepens* par sa taille moins avantageuse; par sa tête rétrécie en ligne courbe après les yeux; par son prothorax plus long que large. Il s'éloigne du ♂ des deux autres espèces françaises par ses yeux transverses ou subtransverses.

La ♀ s'éloigne de celle du *V. strepens* par ses élytres déhiscentes à la suture presque depuis l'écusson, et moins longuement prolongées; de celle du *Vesperus luridus*, par sa tête rétrécie en ligne courbe après les yeux, subarrondie postérieurement; par ses élytres tronquées assez brièvement à l'extrémité; un peu moins brusquement prolongées que le bord postérieur du premier arceau ventral; de celle du *Vesperus Xatarti*, par sa couleur; par sa tête rétrécie en ligne courbe après les yeux, et arrondie postérieurement; par son prothorax presque en demi-cercle, plus large que long; par ses élytres beaucoup plus courtes et tronquées à l'extrémité, au lieu d'être arrondies.

Vesperus ocularis.

♂. *Caput pronotumque fulvo-nebulosa; capite post oculos abruptè angustiori, subparallelo, posticè rotundato; prothorace anticè emarginato et angustiori, gradatim dilatato, longiori, suprà levigato, anticè subrugoso; elytris abdomen tegentibus, nudis, punctatis, antennis gracilibus; pedibus flavo-lividis.*

Long. 0,0157 (7); larg. 0,0028 (1 1/4).

♂. *Corps* allongé.

Tête d'un fauve foncé et livide; obsolètement pointillée; presque glabre, garnie de poils fins, très-courts, indistincts à la vue; creusée d'un léger sillon sur la moitié postérieure du front; brusquement rétrécie après les yeux presque de la moitié de la largeur de ces organes, prolongée ensuite d'une manière parallèle, postérieurement arrondie.

Yeux bruns; à peine échancrés derrière la base des antennes; arrondis postérieurement, séparés entre eux sur le front par un espace égal au diamètre de l'un d'eux.

Antennes un peu plus longues que le corps; d'un fauve testacé livide; grêles; non dentées, à articles tronqués à l'extrémité en ligne transverse : le 3e à peu près aussi long que le 5e : le 10e droit.

Prothorax entaillé et à peu près sans rebord, en devant; tronqué et rebordé à la base; élargi d'avant en arrière en ligne presque droite ou à peine courbe; moins large à sa base que long sur sa ligne médiane; d'un fauve obscur et un peu livide, avec le rebord basilaire brun; presque sans ponctuation distincte, légèrement râpeux près de son bord antérieur; rayé d'une ligne médiane légère, raccourcie à ses extrémités.

Ecusson brun; aussi long que large; parallèle, arrondi à sa partie postérieure; canaliculé.

Elytres débordant la base du prothorax des deux cinquièmes de la largeur de chacune; quatre à cinq fois aussi longues que lui; parallèles; voilant l'abdomen; arrondies, prises ensemble, à l'extrémité; planiuscules sur le dos; livides; à peu près glabres; marquées de points très-médiocres et rapprochés; presque sans traces de nervures.

Dessous du corps brun ou d'un brun fauve, avec le bord des anneaux du ventre d'un testacé livide : le 5e arceau, échancré dans le milieu de son bord postérieur.

Pieds d'un flave testacé livide; brièvement pubescents.

PATRIE : Les environs de Smyrne (collection Pellet).

OBS. Nous n'avons pas vu la ♀.

Cette espèce a quelque analogie avec les *V. Xatarti* et *luridus;* mais elle s'éloigne de l'un et de l'autre, par sa tête rétrécie après les yeux presque de la moitié de la largeur de chacun de ses organes; par son front plus large; par ses antennes plus grêles, à 4e article droit; par son prothorax sans pubescence et sans ponctuation apparente; par le 5e arceau de son ventre échancré dans le milieu de son bord postérieur. Elle s'éloigne, d'ailleurs, du *V. Xatarti*, par la couleur de sa tête et de son prothorax; par sa tête prolongée d'une manière parallèle après les yeux; du *V. luridus*, par son prothorax presque graduellement élargi d'avant en arrière; par sa couleur, etc.

Près des Oxymires doit être placé le genre suivant, fondé sur une espèce étrangère à notre pays.

Genre *Apatophysis*, APATOPHYSE, Chevrolat.

CHEVROLAT, Revue et Magasin de zoologie, 1860, p. 95.

CARACTÈRES : *Antennes* insérées moins avant que le bord antérieur des yeux; prolongées jusqu'aux trois quarts ou quatre cinquièmes du corps (♀), ou plus longues que lui (♂); subfiliformes, atténuées vers l'extrémité; de 11 articles : le 1er épais : le 2e court : les 3e et 4e à peu près égaux, moins longs chacun que le 1er : le 4e égal environ aux trois cinquièmes du 5e : les 5e, 6e et 7e les plus longs, presque égaux : le 5e et les suivants graduellement plus comprimés; subdentées : le 11e appendicé.

Yeux peu profondément échancrés à leur côté interne, arrondis à l'externe, à grosses facettes.

Tête brusquement rétrécie après les yeux, et peu longuement prolongée d'une manière subparallèle jusqu'au bord antérieur du prothorax. *Epistome* transversal. *Labre* faiblement échancré en arc, à son bord antérieur. *Mandibules* saillantes, arquées, terminées en pointes. *Palpes* peu allongés; à dernier article subfiliforme ou faiblement ovalaire, obtus ou tronqué à l'extrémité.

Prothorax moins long sur son milieu que large à sa base ; dilaté en forme de tubercule un peu obtus vers le milieu de chacun de ses côtés, chargé d'un tubercule arrondi, situé sur le dos, près de chaque côté, après le tubercule latéral ; creusé d'un sillon transversal après son bord antérieur et d'un autre moins marqué au devant de sa base.

Ecusson très-apparent ; à côtés curvilignes.

Elytres débordant la base du prothorax des deux cinquièmes de la largeur de chacune; ne voilant pas le dernier anneau de l'abdomen ; subparallèles jusqu'aux trois quarts (♀) ou subsinueusement rétrécies jusqu'aux quatre cinquièmes (♀); subarrondies, prises ensemble, à l'extrémité. Ventre de cinq arceaux.

Prosternum moins élevé que les hanches ; peu apparent (♂) ou assez large (♀) entre les hanches antérieures qui sont saillantes. *Mésosternum* subparallèle. *Postépisternums* faiblement rétrécis en ligne droite à leur côté interne ; ni échancrés, ni sinués vers le tiers de leur côté externe ; laissant apparaître l'épimère sur toute la largeur de leur côté externe (♂), seulement vers leur extrémité postérieure (♀).

Pieds allongés, grêles. *Cuisses* aussi longuement prolongées que les élytres. *Premier article des tarses postérieurs* à peu près aussi long que les deux suivants réunis. *Ongles simples*.

Apatophysis toxotoides, Chevrolat.

♂. *Rufo-testaceus, cinerero-pubescens ; pronoto lineâ mediâ, angustâ, levi; elytris subattenuatis, suprà planiusculis, punctatis, denudatis, posticè levioribus, lineis duabus elevatis.*

Antennes plus longues que le corps ; dentées du 5e au 10e article.

Elytres laissant le pygidium et le postpygidium à découvert : celui-ci obtusément tronqué. *Prosternum* nul ou presque nul entre les hanches de devant. 5e arceau ventral rétréci en ligne courbe et tronqué à l'extrémité.

♀. *Piceus, glabiusculus ; pronoto absque lineâ mediâ; elytris usquè ultrà medium subparallelis, subconvexis, antice punctatis, postice punctulatis, lineis duabus elevatis.*

Antennes prolongées jusqu'aux quatre cinquièmes de la longueur du corps, subdentées à partir du 6e article. *Elytres* laissant à découvert le pygidium et une partie de l'arceau précédent. *Pygidium* allongé et tubiforme. *Prosternum* assez large entre les hanches de devant. 5e arceau ventral graduellement rétréci et tronqué à son extrémité, non incourbé.

Apatophysis toxotoides, Chevrolat, Revue et Magasin de zoologie, 1860, p. 304.

Long. 0,0157 à 0,0180 (7 à 8) ; larg. 0,0051 à 0,0056 (2 1/4 à 2 1/2)

♂. *Corps* allongé.

Tête d'un blond ou roux testacé, mais revêtue d'un duvet cendré ou cerviné ; rayée, depuis l'épistome, d'une ligne médiane prolongée jusqu'au bord antérieur du prothorax. *Mandibules* noires à l'extrémité. *Yeux* noirs, souvent d'un gris de plomb argenté et brillant, après la mort.

Antennes d'un blond fauve, garnies d'un duvet cendré très-court ;

plus longuement prolongées que le corps ; comprimées et dentées à partir du 5e article.

Prothorax faiblement arqué et étroitement rebordé en devant ; étroitement rebordé et bissinué à la base ; moins long sur la ligne médiane que large à cette dernière ; armé de chaque côté d'un tubercule non épineux ; peu fortement convexe ; creusé d'un sillon transversal après le rebord antérieur, et d'un autre moins prononcé au devant du rebord basilaire ; chargé de deux tubercules arrondis, situés sur le dos, près de chaque côté, un peu en arrière du tubercule latéral ; chargé un peu plus avant, vers les deux cinquièmes de sa longueur, d'une saillie transversale moins prononcée ou réduite à un petit tubercule juxta-latéral ; d'un blond fauve ; couvert d'un duvet cendré ou cerviné ; rayé d'un sillon transversal à l'autre, d'une ligne médiane dénudée.

Ecusson en triangle à côtés curvilignes ; d'un blond fauve ; revêtu d'un duvet cendré ou cerviné ; rayé d'une ligne médiane.

Elytres débordant la base du prothorax des deux cinquièmes de la largeur de chacune ; arrondies aux épaules ; subsinueusement rétrécies jusqu'aux quatre cinquièmes de leur longueur ; arrondies, prises ensemble, à l'extrémité ; débordées par le pygidium ; planiuscules en dessus ; d'un blanc fauve ; couvertes d'un duvet cendré ou cerviné ; marquées, près de la base, de points dénudés, affaiblis et peu distincts, près de l'extrémité ; chargées chacune d'une nervure, dans la direction de la fossette humérale ; offrant souvent les traces plus ou moins faibles d'une autre nervure plus interne.

Dessous du corps et *pieds* d'un blanc ou roux fauve ; revêtus d'un duvet cendré ou cerviné. *Premier article des tarses postérieurs* à peu près aussi long que les deux suivants réunis.

♀. *Corps* allongé ; entièrement d'un brun de poix.

Tête densement pointillée ; rayée d'une ligne médiane : bord antérieur du labre et de l'épistome flavescent. *Mandibules* noires au côté externe et à l'extrémité. *Yeux* et *antennes* analogues aux mêmes organes chez le ♂.

Prothorax semblable à celui du ♂, mais sans saillies transversales vers les deux cinquièmes de sa longueur, et sans raie sur la ligne médiane ; finement chagriné ; d'un brun de poix ; à peu près glabre.

Ecusson plus long que large ; subparallèle, arrondi à l'extrémité ; rayée d'une ligne médiane ; d'un brun de poix.

Elytres subparallèles jusqu'aux trois quarts de leur longueur ; arrondies, prises ensemble, à l'extrémité ; subconvexes ; d'un brun de poix ; marquées de points affaiblis vers l'extrémité ; densement et obsolètement ponctuées entre ces points ; glabres ; chargées chacune de deux nervures à peine prolongées au delà des trois quarts de leur longueur : l'une dans la direction de la fossette humérale : l'autre, plus interne ; débordées par le pygidium et par une partie de l'arceau précédent.

Dessous du corps et *pieds* d'un brun de poix ; presque glabre.

Cette espèce est remarquable.

Strangalia lanceolata.

♀. *Nigra, elytris sanguineis, apice vittâque suturali ellipticâ nigris ; pronoto longiori, anticè angustiori, angulis posticis lateraliter spinosis, dunctato, pilis subrecumbentibus fuscis.*

♂. Inconnu.

♀. Pygidium noir, presque bilobé à son extrémité.

Long. 0,0112 (5 l.) ; larg. 0,0033 (1 1/2).

♂. *Corps* allongé.

Tête noire ; marquée de points ronds et rapprochés, donnant chacun naissance à un poil noir mi-couché ; rayée d'une ligne médiane entre les antennes ; brusquement rétrécie presque immédiatement après les yeux.

Antennes à peine prolongées jusqu'aux trois quarts de la longueur du corps ; filiformes ; épaisses ; brièvement pubescentes ; noires sur les trois ou quatre premiers articles, brunes postérieurement.

Prothorax tronqué et étroitement rebordé en devant ; étroitement rebordé et bissinué à la base ; à peine plus large en devant que le cou; élargi en ligne courbe jusqu'aux deux cinquièmes de ses côtés, puis un peu en courbe rentrante jusqu'aux angles postérieurs, qui sont prolongés latéralement en pointe ; moins large à la base que long sur la ligne médiane ; convexe ; noir ; marqué de points ronds, rapprochés, mais non contigus, paraissant à certain jour un peu râpeux, et donnant chacun naissance à un poil noir, mi-couché.

Ecusson triangulaire ; noir ; garni de poils.

Elytres trois fois environ aussi longues que le prothorax ; subgraduellement rétrécies jusque près de l'extrémité, plus sensiblement rétrécies en ligne courbe vers cette dernière ; obliquement échancrées à celle-ci ; peu convexes sur le dos ; d'un rouge foncé, ou d'un rouge de sang ; parées d'une bordure suturale noire, embrassant les côtés de l'écusson, une fois plus large que la base de ce dernier : l'extrémité de celui-ci, graduellement élargie jusqu'aux trois cinquièmes de leur longueur, où elle couvre plus de la moitié interne de leur largeur, rétrécie ensuite à partir de ce point jusqu'aux trois quarts de leur longueur où elle est réduite au quart interne de leur largeur, et où elle s'unit à une région noire, transversalement coupée en devant, qui couvre le quart postérieur de leur longueur ; marquées de points rapprochés paraissant un peu râpeux, et donnant chacune naissance à un poil mi-couché, noir sur les parties noires, livide sur les parties rouges.

Dessous du corps et *pieds* garnis de poils livides ; noirs, avec l'avant-dernier arceau ventral obscurément rouge.

Patrie : L'Espagne (collection Reiche).

Obs. Elle a été découverte par M. Arias Teijeiro. Elle a de l'analogie avec la *Strang. melanura* ♀, dont elle se distingue par ses antennes plus épaisses ; par son prothorax moins densement ponctué, et surtout par la forme de sa bordure suturale noire. Le ♂ nous est inconnu.

Leptura montana.

Nigra, pronoto nigro (♂) aut rufo (♀), longiori, anticè angustiori, angulis posticis subacutis, densè punctato; elytris apice obliquè emarginatis, punctatis, tenuitèr pubescentibus; rufo-flavis immaculatis (♀), aut posticè lineâ submarginali nigrâ (♂).

Leptura montana (MONTANDON), (REICHE), *in* collect.

Long. 0,0090 à 0,0100 (4 à 4 1[2); larg. 0,0018 à 0,0096 (5[6 à 1[5).

Corps allongé.

Tête noire; densement et finement chagrinée; hérissée de poils livides, clairs-semés; brusquement rétrécie postérieurement après un bourrelet assez court.

Antennes noires; subfiliformes, un peu épaissies dans leur seconde moitié; prolongées jusqu'aux trois quarts (♀), ou presque jusqu'à l'extrémité (♂) du corps.

Prothorax tronqué et étroitement rebordé en devant; étroitement rebordé et bissinué à la base; moins large à celle-ci que long sur son milieu; inégalement élargi d'avant en arrière, un peu renflé vers le tiers de ses côtés, et sinué entre le point et les angles postérieurs; peu convexe sur le dos; creusé d'un sillon transversal assez étroit après le rebord antérieur, et d'un autre moins prononcé au devant de sa base; densement ponctué, ou moins finement chagriné que la tête; hérissé de poils livides ou grisâtres; noir (♂) ou d'un rouge roux (♀).

Ecusson en triangle subéquilatéral; noir.

Elytres deux fois ou deux fois et quart aussi longues que le prothorax; obliquement échancrées chacune à l'extrémité; subgraduellement rétrécies jusqu'aux quatre cinquièmes et plus sensiblement ensuite (♂), ou subsinueusement subparallèles jusqu'aux trois quarts, et sensiblement rétrécies ensuite en ligne un peu courbe jusqu'à leur partie postéro-externe (♀); peu convexes sur le dos; à fossette humérale assez prononcée ; marquées de points assez rapprochés, donnant chacun naissance à un poil fin, concolore, presque couché; d'un rouge roux ou d'un roux orangé ; sans taches (♀), ou paréeschacune d'une sorte de bande noire, naissant de l'extrémité, avancée, en se rétrécissant un peu, jusqu'aux deux cinquièmes postérieurs de leur longueur, rapprochés du bord externe, graduellement plus distante de la suture, d'arrière en avant.

Dessous du corps et *pieds* noirs ; pubescents.

Patrie : L'île de Chypre (collection Reiche).

Obs. Elle doit être placée près de la *L. cincta.*

Genre *Fallacia*, Fallacie.

Caractères. *Prothorax* à angles postérieurs obtus, ne débordant ni le milieu de la fossette humérale des élytres, ni la saillie du milieu de ses côtés ; plus long que large ; creusé d'un sillon transversal profond, après la partie antérieure relevée en rebord, c'est-à-dire vers le sixième, et d'un autre vers les cinq sixièmes de sa longueur ; subglobuleux entre ces sillons.

Tête subgraduellement rétrécie après les yeux, jusqu'au bord antérieur du prothorax. *Yeux* sans échancrure. *Suture frontale* transversalement droite.

Elytres débordant la base du prothorax du tiers au moins de la largeur de chacune.

Postépisternums rétrécis d'avant en arrière.

Premier article des tarses un peu moins long que tous les suivants réunis.

Fallacia longicollis.

Elongata, angusta ; capite pronotoque nigris, densè punctulatis brevitèr pubescentibus ; pronoto elongato, anticè angustiori, margine antico rufo-testaceo, lineâ longitudinali mediâ; elytris apice angustè truncatis, rufo-testaceis, punctatis; pectore fusco aut testaceo; ventre pedibusque rufo-testaceis.

Grammoptera longicollis (MONTANDON) (REICHE), *in* collect.

Long. 0,0090 (4); larg. 0,0017 (3/4).

Corps allongé.

Tête très-finement granulée; garnie d'un duvet cendré, mi-doré à certain jour; subgraduellement rétrécie après les yeux; noire; épistome et palpes d'un roux testacé.

Antennes de cette dernière couleur; moins longuement (♀) ou presque aussi longuement prolongées que le corps; filiformes; grêles.

Prothorax arqué et étroitement rebordé en devant; tronqué et rebordé à la base; sensiblement plus long sur sa ligne médiane que large à sa base; convexe; creusé d'un sillon transversal vers le cinquième antérieur et au devant de la base; inégalement un peu chargé d'avant en arrière; muni, dans le milieu de ses côtés, d'un tubercule obtus, et rétréci à l'extrémité de chacun des sillons transversaux; à angles postérieurs obtus; très-finement chagriné; garni d'un duvet cendré ou cendré jaunâtre; noir, brun ou d'un brun testacé; avec le bord antérieur d'un roux testacé; rayé d'un léger sillon sur sa ligne médiane entre les sillons transversaux.

Ecusson en triangle à côtés rectilignes; d'un roux testacé.

Elytres trois fois et demie environ aussi longues que le prothorax; subparallèles jusqu'aux trois quarts, rétrécies ensuite en ligne un peu courbe; étroitement tronquées en ligne transverse à l'extrémité; peu convexes; marquées de points rapprochés, assez gros près de la base, affaiblis vers l'extrémité, glabres; d'un roux testacé, avec le rebord sutural parfois obscur sur sa première moitié.

Dessous du corps garni d'un duvet court et soyeux, ordinairement noir sur la poitrine, mais parfois testacé, par défaut de matière colorante; d'un roux testacé, ou testacé sur le ventre.

Pieds brièvement pubescents; d'un roux testacé, ordinairement avec une tache noire sur les cuisses intermédiaires, et un anneau noir sur les cuisses postérieures, près du genou. Premier article des tarses postérieurs un peu moins long que les trois suivants réunis.

PATRIE : Batoum (collection Reiche).

Vadonia grandicollis.

Nigra, villosa; pronoto longiori; elytris aurantiacis, puncto discali antè medium margine suturali sextâque pa: te apicali, nigris.

Long. 0,0157 à 0,0168 (7 à 7 1[2); larg. 0,0045 (2).

Corps allongé.

Tête noire; finement chagrinée; hérissée de poils obscurs; rayée d'une ligne médiane.

Antennes prolongées jusqu'aux trois cinquièmes du corps (♀); noires, pubescentes; plus épaisses dans leur seconde moitié que sur les articles 3 à 6.

Prothorax tronqué et rebordé en devant; faiblement rebordé et bissinué à sa base; sensiblement moins large à cette dernière que long sur la ligne médiane; convexe; creusé d'un étroit sillon transversal après le rebord antérieur, et d'un autre plus large au devant de sa base; arqué ou subarrondi sur les côtés entre ces sillons, et sinué en devant de sa base; noir; densement ponctué, hérissé de poils obscurs,

Ecusson triangulaire; noir; pubescent.

Elytres deux fois et quart aussi longues que le prothorax; subgraduellement rétrécies jusqu'aux trois quarts et plus sensiblement ensuite; étroites et peu obliquement tronquées à l'extrémité; médiocrement convexes sur le dos; à fossette humérale assez marquée; d'un roux orangé, avec le sixième postérieur, le rebord sutural, et un point, noirs : le point, situé sur le disque, un peu plus près du bord antérieur que de la suture, aux quatre neuvièmes de leur longueur; marquées de points rapprochés, mais peu profonds, un peu ruguleux près de la base, donnant chacun naissance à un poil d'un livide roussâtre, mi-couché.

Dessous du corps et *pieds* noirs; densement assez finement ponctués; garnis de poils d'un cendré jaunâtre.

PATRIE : Les environs de Smyrne (collection Pellet).

OBS. Cette espèce a beaucoup d'analogie avec la *V. bipunctata*, FABRICIUS ; mais elle s'en distingue par sa taille plus avantageuse, par son prothorax plus long ; par la couleur orange ou orangée de ses élytres, par la partie noire de celle-ci tronquée en ligne droite à son bord antérieur ; par le point noir plus petit et un peu plus postérieurement placé.

Grammoptera auricollis.

Nigra, capite pronotoque pube aureâ vestitis; femoribus medio rubro annulatis; elytris apice singulatim rotundatis, punctatis, nigris, pilis cinereo-flavis.

Long. 0,0067 (3) ; larg. 0,0113 (2|8).

Corps allongé.

Tête noire, revêtue d'un duvet doré.

Antennes un peu moins longuement prolongées que le corps; noires ; grêles, subfiliformes, un peu épaissies dans leur seconde moitié.

Prothorax tronqué et muni d'un rebord mince et peu saillant, en devant ; en angle très-ouvert et dirigé en arrière, et à peine rebordé à la base ; plus étroit en devant, élargi en ligne courbe jusqu'à la moitié de ses côtés, en courbe rentrante entre le point et les angles postérieurs latéralement dirigés en pointe ; au moins aussi long que large; déprimé transvsrsalement en dessus, au devant de sa base ; noir, mais revêtu d'un duvet doré, laissant sa ligne médiane dénudée.

Ecusson noir.

Elytres trois fois et demie à quatre fois aussi longues que le prothorax ; subparallèles, arrondies chacune à l'extrémité ; noires ; marquées de points rapprochés, de chacun desquels sort un poil d'un cendré jaunâtre, couché, ne voilant pas la couleur foncière.

Dessous du corps noir, garni d'un duvet cendré.

Pieds pubescents ; noirs, avec le tiers médiaire des cuisses d'un rouge flave.

PATRIE : Les environs de Coléah (Algérie) (collection Reiche).

DESCRIPTION

D'UNE

ESPÈCE NOUVELLE D'HÉMIPTÈRE

PAR

E. MULSANT ET CL. REY

Pentatoma Baerensprungi.

Corps ovale; à peine convexe.

Tête d'un vert flavescent, avec les côtés d'un vert rosat ; ponctuée ; subarrondie à sa partie antérieure. *Epistome* enclos par les joues.

Bec prolongé jusqu'à l'extrémité des hanches intermédiaires; d'un vert flave, avec les soies noirâtres.

Yeux situés sur les côtés de la tête ; bruns ; contigus au bord antérieur du prothorax.

Antennes un peu plus longuement prolongées que les angles postérieurs du prothorax ; à 2e et 3e articles cylindriques : le 4e, fusiforme, un peu moins long : le 5e plus épais et moins long que le 4e : les trois premiers d'un testacé livide : le 4e nébuleux : le 5e obscur ou noirâtre.

Prothorax d'un vert un peu pâle, avec les côtés parés d'une bordure assez étroite d'un livide ou testacé rougeâtre ou d'un livide rosat, à limites indécises.

Ecusson prolongé jusqu'aux trois cinquièmes des élytres, graduellement rétréci jusqu'à la moitié de la longueur des étuis, subparallèle ensuite et arrondi à son extrémité ; d'un vert un peu pâle, paré d'une tache d'un blanc verdâtre à l'extrémité et d'une tache d'un flave pâle en carré plus long que large, sur le milieu de sa base.

Hémélytres vertes ou d'un vert un peu pâle, avec l'exocorie d'un testacé rosat, graduellement verdâtre, prolongée jusqu'à la moitié environ de l'abdomen. Bords de ce dernier visibles à partir du tiers de sa longueur, d'un vert blanchâtre, avec cinq points noirs.

Repli des hémélytres rosat ; à peine visible en dessous jusqu'au premier point noir. Extrémité de la membrane paraissant d'un livide flave ou d'un flave testacé.

Dessous du corps d'un vert flave ou d'un flave verdâtre.

Cuisses d'un vert flave, ou d'un flave verdâtre. *Tibias* rosats.

Tarses noirs ou obscurs.

Ventre d'un vert flave ou d'un flave testacé, avec le bord étroitement flave.

Cette espèce se trouve en Allemagne. Nous l'avons décrite sur un exemplaire existant dans la collection de M. le docteur Baerensprung, possesseur d'une magnifique collection d'Hémiptères, et auteur d'un catalogue des *Hémiptères hétéroptères d'Europe*. Nous l'avons dédiée à ce savant.

Obs. L'exemplaire d'après lequel a été faite cette description, offrait, à la base du prothorax, quatre festons nébuleux, probablement accidentels.

Obs. Cette espèce a beaucoup d'analogie avec la *Pentatoma roseipennis*, mais elle a le corps proportionnellement plus allongé et plus étroit ; les bords du prothorax d'un livide rosat ; les côtés de la tête d'un vert rosat.

DESCRIPTION

DE LA

LARVE DE L'HYPULUS QUERCINUS

PAR

É. MULSANT ET CL. REY

Corps allongé, peu convexe; testacé; hérissé de poils longs et clairsemés.

Tête écailleuse; planiuscule; presque en parallélogramme transversal; ruguleuse; marquée d'un sillon longitudinal de chaque côté de la ligne médiane.

Antennes insérées sur les côtés de la tête, après la base des mandibules; courtes; de quatre articles : le 1er, le plus gros : les 2e et 3e presque égaux : le 4e grêle.

Yeux représentés par un ocelle, situé derrière la base des antennes.

Mandibules peu saillantes; croisées dans l'état de repos; cornées, surtout à l'extrémité; noirâtres à cette dernière.

Mâchoires à partie basilaire subécailleuse, allongée; séparées du menton par un sillon; terminées par un lobe court.

Palpes maxillaires courts; coniques; de trois articles.

Lèvre formée d'un menton subécailleux, allongé; terminé par des pièces palpigères courtes.

Palpes labiaux de deux articles.

Thorax composé de trois segments à peu près de même largeur, peu convexes, rayés d'un sillon sur la ligne médiane; portant chacun en dessous une paire de pieds : le prothoracique un peu moins long que large, presque aussi long que les deux autres réunis.

Abdomen composé de neuf segments, lisses, coriaces ou subécailleux ; légèrement renflé dans son milieu ; peu convexe ; rayé sur la ligne médiane d'un sillon formant la continuation du sillon prothoracique et prolongé jusqu'à l'extrémité de l'avant-dernier arceau : les huit premiers, transverses, presque égaux en longeur : le dernier, corné, légèrement arqué et rebordé de chaque côté, ruguleux sur le reste de sa surface, terminé par deux prolongements cornés, bifides chacun à leur extrémité, séparés entre eux par une échancrure assez profonde : le dernier arceau presque aussi long, avec ses appendices, que les deux segments précédents ; muni en dessous d'une plaque garnie dans son milieu d'une sorte de ventouse arrondie.

Dessous du corps planiuscule ; testacé.

Pieds courts ; formés d'une hanche, d'une cuisse, d'un tibia et d'un tarse, représenté par un ongle.

Stigmates au nombre de neuf paires : la première, située inférieurement, entre le prothorax et le mésothorax ; les autres, sur chacun des huit premiers segments abdominaux, vers la partie supéro-externe de ceux-ci.

Cette larve vit dans les souches des vieux châtaigniers ; on la trouve aussi dans le chêne.

TABLE ALPHABÉTIQUE

DES ESPÈCES DÉCRITES

Coléoptères.

Hemiptères.

Larves.

FIN DE LA TABLE.

Lyon. — Imp. Richard et Ce, 31, rue Tupin.

OUVRAGES DU MÊME AUTEUR

HISTOIRE NATURELLE DES COLÉOPTÈRES DE FRANCE.

— LONGICORNES. *Paris*. 1839. 1 vol. in-8.
— LAMELLICORNES. *Paris*. 1842. 1 vol. in-8.
— PALPICORNES. *Paris*. 1844. 1 vol. in-8.
— SULCICOLLES. — SÉCURIPALPES. *Paris*. 1856. 1 vol. in-8.

HÉTÉROMÈRES.
— LATIGÈNES. *Paris*. 1854. 1 vol. in-8.
— PECTINIPÈDES. *Paris*. 1855. 1 vol. in-8.
— BARPIPALES. — LONGIPÈDES. — LATIPENNES. *Paris*. 1856. 1 vol. in-8.
— VÉSICANTS. *Paris*. 1857. 1 vol. in-8.
— ANGUSTIPENNES. *Paris*. 1858. 1 vol. 8.
— ROSTRIFÈRES. *Paris*. 1859. 1 vol. in-8.

— ALTISIDES, par C. Foudras. *Paris*. 1859-60. 1 vol. in-8.
— MOLLIPENNES. *Paris*. 1862. 1 vol. in-8.
— LONGICORNES. 1862-63. in-8.

SPÉCIÈS DES COLÉOPTÈRES TRIMÈRES SÉCURIPALPES. *Lyon et Paris*. 1850-51. 1 vol. en deux parties, grand in-8.

OPUSCULES ENTOMOLOGIQUES, grand in-8.

— 1er cahier. 1852. Mémoires divers.
— 2me cahier. 1853. Id.
— 3me cahier. 1853. Coccinellides.
— 4me cahier. 1853. Parvilabres.
— 5me cahier. 1854. Id.
— 6me cahier. 1855 Mémoires divers.
— 7me cahier. 1856. Id.
— 8me cahier. 1858. Id.
— 9me cahier. 1859. Parvilabres, etc.
— 10me cahier. 1859. Parvilabres.
— 11me cahier. 1859-60. Mémoires divers.
— 12me cahier. 1861. Id.

COURS D'HISTOIRE NATURELLE. *Paris*. 1856. (Zoologie).
— — *Paris*. 1859. (Physiologie).
— — *Paris*. 1860. (Géologie).

SOUVENIRS D'UN VOYAGE EN ALLEMAGNE. *Paris*. 1861. in-8.

Sous presse :

HISTOIRE NATURELLE DES COLÉOPTÈRES DE FRANCE.

— CLÉRIDES et ANOBIDES.
— MONOGRAPHIE DES COCCINELLIDES.

COURS D'HISTOIRE NATURELLE (Botanique).

Lyon. — Imp. RICHARD et Ce, 34, rue Tupin.

www.ingramcontent.com/pod-product-compliance
Ingram Content Group UK Ltd.
Pitfield, Milton Keynes, MK11 3LW, UK
UKHW020123200726
13856UKWH00002B/698

9 782013 370691